日本农山渔村文化协会宝典系列

苹果栽培
管理手册

［日］三上敏弘 著
张国强 译

机械工业出版社
CHINA MACHINE PRESS

苹果栽培技术发展至今虽很成熟，但其市场已从只要生产出果实就能畅销的时代，转变为只有外观和内在品质都出色的果实才能畅销的时代，这就对苹果的栽培管理提出了更高的要求。本书从培育优质苹果的角度出发，围绕日本种植户在苹果休眠期、萌芽期、开花期、坐果期、果实膨大成熟（花芽分化）期管理过程中，以及土壤管理与施肥、自然灾害和病虫害防治方面容易产生的误解或者失败的原因进行解惑，并提出对策，对于我国广大苹果种植专业户、基层农业技术推广人员都有非常好的参考价值，也可供农林院校师生阅读参考。

RINGO NO SAGYOU BENRICHO by MIKAMI TOSHIHIRO
Copyright © 1990 MIKAMI TOSHIHIRO
Simplified Chinese translation copyright © 2025 by China Machine Press
All rights reserved
Original Japanese language edition published by NOSAN GYOSON BUNKA KYOKAI (Rural Culture Association Japan)
Simplified Chinese translation rights arranged with NOSAN GYOSON BUNKA KYOKAI (Rural Culture Association Japan) through Shanghai To-Asia Culture Co., Ltd.
此版本仅限在中国大陆地区（不包括香港、澳门特别行政区及台湾地区）销售。未经出版者书面许可，不得以任何方式抄袭、复制或节录本书中的任何部分。

北京市版权局著作权合同登记　图字：01-2020-6361 号。

图书在版编目（CIP）数据

苹果栽培管理手册 /（日）三上敏弘著；张国强译. -- 北京：机械工业出版社，2025.6
（日本农山渔村文化协会宝典系列）
ISBN 978-7-111-75386-5

Ⅰ.①苹… Ⅱ.①三… ②张… Ⅲ.①苹果 – 果树园艺 – 手册 Ⅳ.①S661.1-62

中国国家版本馆CIP数据核字（2024）第058059号

机械工业出版社（北京市百万庄大街22号　邮政编码100037）
策划编辑：高　伟　周晓伟　责任编辑：高　伟　周晓伟　刘　源
责任校对：梁　园　张　征　责任印制：单爱军
保定市中画美凯印刷有限公司印刷
2025年6月第1版第1次印刷
169mm×230mm・7.25印张・136千字
标准书号：ISBN 978-7-111-75386-5
定价：49.80元

电话服务　　　　　　　　　　网络服务
客服电话：010-88361066　　　机　工　官　网：www.cmpbook.com
　　　　　010-88379833　　　机　工　官　博：weibo.com/cmp1952
　　　　　010-68326294　　　金　书　网：www.golden-book.com
封底无防伪标均为盗版　　　　　机工教育服务网：www.cmpedu.com

序

　　果蔬业属于劳动密集型产业，在我国是仅次于粮食产业的第二大农业支柱产业，已形成了很多具有地方特色的果蔬优势产区。果蔬业的发展对实现农民增收、农业增效，促进农村经济与社会的可持续发展裨益良多，呈现出产业化经营水平日趋提高的态势。随着国民生活水平的不断提高，对果蔬产品的需求量日益增长，对其质量和安全性的要求也越来越高，这对果蔬的生产、加工及管理也提出了更高的要求。

　　我国农业发展处于转型时期，面临着产业结构调整与升级、农民增收、生态环境治理，以及产品质量、安全性和市场竞争力亟须提高的严峻挑战，要实现果蔬生产的绿色、优质、高效，减少农药、化肥用量，保障产品食用安全和生产环境的健康，离不开科技的支撑。日本从20世纪60年代开始逐步推进果蔬产品的标准化生产，其设施园艺和地膜覆盖栽培技术、工厂化育苗和机器人嫁接技术、机械化生产等都一度处于世界先进或者领先水平，注重研究开发各种先进实用的技术和设备，力求使果蔬生产过程精准化、省工省力、易操作。这些丰富的经验，都值得我们学习和借鉴。

　　日本农业书籍出版协会中最大的出版社——农山渔村文化协会（简称农文协）自1940年建社开始，其出版活动一直是以农业为中心，以围绕农民的生产、生活、文化和教育活动为出版宗旨，以服务农民的农业生产活动和经营活动为目标，向农民提供技术信息。经过80多年的发展，农文协已出版4000多种图书，其中的果蔬栽培手册（原名：作业便利帐）系列自出版就深受农民的喜爱，并随产业的发展和农民的需求进行不断修订。

　　根据目前我国果蔬产业的生产现状和种植结构需求，机械工业出版社与农文协展开合作，组织多家农业科研院所中理论和实践经验丰富，并且精通日语的教师及科研人员，翻译了本套"日本农山渔村文化协会宝典系列"，包含葡萄、猕猴桃、苹果、梨、西瓜、草莓、番茄等品种，以优质、高效种植为基本点，介绍了果蔬栽培管理技术、果树繁育及整形修剪技术等，内容全面，实用性、可操作性、指导性强，以供广大果蔬生产者和基层农技推广人员参考。

需要注意的是，我国与日本在自然环境和社会经济发展方面存在的差异，造就了园艺作物生产条件及市场条件的不同，不可盲目跟风，应因地制宜进行学习参考及应用。

希望本套丛书能为提高果蔬的整体质量和效益，增强果蔬产品的竞争力，促进农村经济繁荣发展和农民收入持续增加提供新助力，同时也恳请读者对书中的不当和错误之处提出宝贵意见，以便修正。

赵亚夫

前　言

日本的苹果栽培已有100多年的历史，技术进步也十分显著。

现在的苹果市场，已从只要生产出果实就能畅销的时代，转变为只有外观和内在品质都出色的果实才能畅销的时代。正因为如此，苹果的栽培管理难度也有所增加。

优质丰产是种植户共同追求的目标，但作为最基本的栽培技术，也有不少种植户掌握不了，无法达成这一目标。

苹果栽培中，要仔细观察树体的生理变化和生长动态，在不同时期要采取相应的措施。毫无疑问，这些都与优质丰产息息相关。

有人说，好的种植户是诊断树木疾病的好医生。因此，本书就从被遗忘的基础知识、常见的问题和误区入手，分析原因，改进措施，希望能对大家的苹果栽培有所帮助。

三上敏弘

目　录

序
前　言

第 1 章　休眠期管理

1　乔化树的修剪 …………………………… 002
◎ 幼树的修剪 …………………………… 002
◎ 初结果树的修剪 ……………………… 006
◎ 盛果期树的修剪 ……………………… 010

2　矮化树的修剪 …………………………… 018
◎ 树体高的矮化树好吗 ………………… 018
◎ 看起来细长的非标准矮化树 ………… 020
◎ 侧枝过大，破坏细长的树形 ………… 022
◎ M 系矮化砧木也需要支柱 …………… 024
◎ 有人认为矮化树没有强树势 ………… 025
◎ 矮化树形并不是只有细长纺锤形 …… 026
◎ 矮化树的树势明显衰弱 ……………… 028
◎ 品种生根是坏事，也是好事 ………… 031

第 2 章　萌芽期、开花期、坐果期管理

1　开花与授粉 ……………………………… 034
◎ 开花情况也是判断树势的好标准 …… 034
◎ 昆虫是朝三暮四的访花者 …………… 035
◎ 专业种植户生产的偏斜果 …………… 036
◎ 花粉贮藏时温度重要吗 ……………… 037

2　疏花疏果 ………………………………… 039
◎ 因为蜂类授粉，坐果率过高 ………… 039
◎ 疏花不只是单纯地调节营养 ………… 040
◎ 一次又一次疏果是在浪费劳动力 …… 042
◎ 用药剂疏果时，药量比浓度更重要 … 043
◎ 疏掉全部受霜害的果实会破坏树势 … 044

3　落果与套袋 ……………………………… 045
◎ 套袋越早，落果越多 ………………… 045
◎ 防菌袋并不永远防菌 ………………… 047

第 3 章

果实膨大成熟（花芽分化）期管理

1 调整树势 050
- ◎ 夏季是矮化树新梢引缚的最佳时期 050
- ◎ 夏季修剪的时期不同，效果也不一样 051
- ◎ 造伤方法不同，效果也不一样 053
- ◎ 叶片大不一定代表树势好 054
- ◎ 夏季的新梢是判断树势的主要依据 055

2 着色 057
- ◎ 根据经验确定津轻的脱袋时期是个错误 057
- ◎ 摘叶过量不利于着色 058
- ◎ 生产青苹果也需要光照 060
- ◎ 排水不良也是着色不好的原因 061

3 采收管理和贮藏 062
- ◎ 比起着色，通过底色判断是否可以采收更准确 062
- ◎ 早采的果实，既硬又不耐贮藏 063
- ◎ 根据不同的品种和销售时期，采取不同的贮藏方法 065

第 4 章

土壤管理与施肥

- ◎ 车载式弥雾机是压实土壤的大型机械 068
- ◎ 施肥时期不同，作用也有差别 069
- ◎ 钾肥被称为膨果肥 070
- ◎ 应该根据树势增减追肥量 071
- ◎ 果园堆肥是越多越好吗 072
- ◎ 堆肥的肥效因土壤条件而有差异 073
- ◎ 未腐熟的堆肥会对树体的生长发育起反作用 075

第 5 章

自然灾害和病虫害防治

1 自然灾害 078
- ◎ 因强风造成少量落果的矮化树 078
- ◎ 树矮却耐霜冻的矮化树 079

2 病虫害防治 080
- ◎ 按照时间表喷药是对农药的浪费 080
- ◎ 特效药不是万能药 082
- ◎ 因机型不同，弥雾机的功能有很大差异 083
- ◎ 即使不用波尔多液，钙也是必需的 084
- ◎ 波尔多液的配制要点 085

第 6 章

品种与更新

1 品种特性和管理方法 ·················· 088
- 全种便于管理的品种不太现实 ············ 088
- 在温暖地区也易着色的珊夏·············· 089
- 在寒冷地区用山定子作为砧木的千秋
  果实膨大差 ···························· 091
- 乔纳金果面蜡质的主要成分是不饱和
  脂肪酸 ································ 092
- 北斗的霉心病是其致命伤 ················ 092
- 即使有光照，陆奥也会出现绿果 ·········· 094
- 绿色的王林不受欢迎 ···················· 095
- 富士的贮藏性会因采收期不同有很大差异·· 096
- 北海道 9 号对栽培环境要求严格 ·········· 097

2 树体更新···························· 098
- 重茬地的苗木生长发育差 ················ 098
- 栽植穴一般是圆柱形的 ·················· 099
- 优质苗木并不是指高大的苗木 ············ 100
- 注意脱毒树的生长变化 ·················· 100

3 高接更新···························· 102
- 适当利用高接后抽生的徒长枝 ············ 102
- 高接方法不同，结果年龄会有差异 ········ 104
- 受中间砧影响的接穗品种的生长发育
  与品质 ································ 105

第 1 章

休眠期管理

1 乔化树的修剪

◎ 幼树的修剪

（1）光秃枝多的幼树

[常见的问题和误区] 为了充分利用果园的有限空间而进行苗木补植，但这些苗木明显难以培养出好的树形。

为了让苗木初期生长发育良好，提高产量，主干上必须大量配置将来作为主枝的预备枝，但抽生枝条少的苗木却格外多，导致枝条的配置数量少或形成光秃枝（图1-1）。

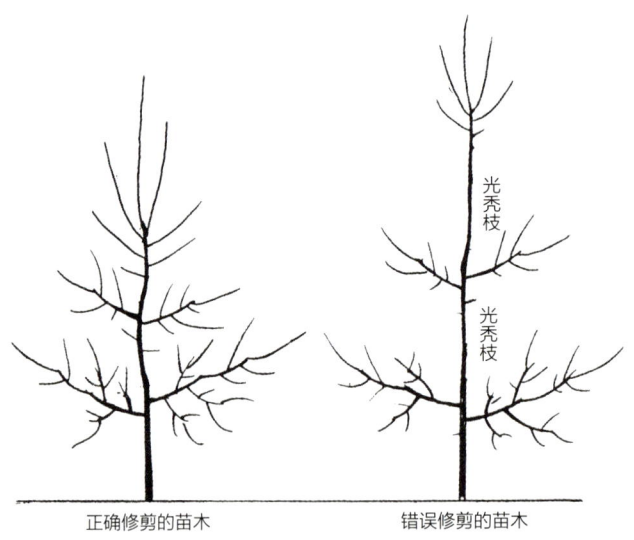

图1-1　错误修剪，就会变成光秃枝

[原因] 既有像津轻那样成枝力差的品种，也有因树势过弱导致的成枝力差。当然，枝条的抽生与根系的发育也有关系，所以在不利于根系生长的土壤条件下，枝条的抽生数量也会变少。

新梢几乎都是从修剪部位到它下方20厘米的范围内抽生（图1-2），若不考虑这个因素就修剪，会形成光秃枝较多的树。

[对策]

①防止出现光秃枝的办法在于注意修剪的位置。在修剪时，最重要的是在什么位置修剪和想要什么样的枝条。

例如，如果想在离地面90厘米的地方抽生枝条，那么就在100厘米左右的高度处修剪；如果想在离地面140厘米的地方抽生枝条，那么就在150厘米左右的高度处修剪。

在想要枝条的地方往上10厘米的位置修剪，在修剪部位下方5~10厘米的位置就容易抽生与主干夹角大、将来容易成为主枝的枝条。

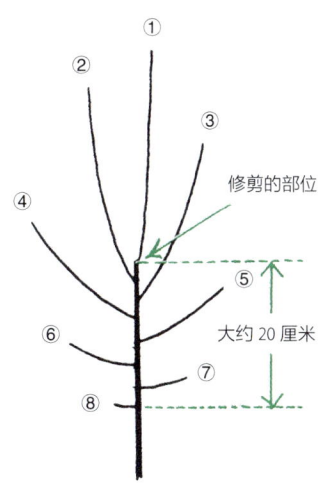

图1-2 从修剪部位到它下方20厘米的范围内抽生新梢

一般情况下，苗木栽植当年在80~100厘米高度处修剪，第2年在其上方45~60厘米处修剪，之后的4~5年都在前一年的短截部位往上45~60厘米处修剪，反复进行。

②有光秃枝的幼树的整形方法。在光秃枝部位以上抽生的枝条，要果断地从基部去掉。并且，在想要抽生枝条位置的芽的上方1厘米处，用小刀等横向造伤（刻芽）。

在1米左右高度处抽生枝条是正常的生长表现，但其上也只能抽生2~3根枝条，长势也差。整体生长较差时，要果断调整，在第1年剪切位置上方45~60厘米处回缩，是调整枝条最好的方法（图1-3）。

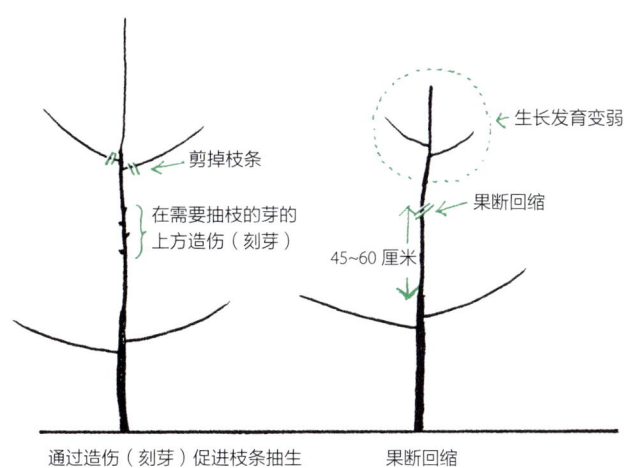

图1-3 有光秃枝的幼树的整形方法

调整时，因为从回缩位置附近会抽生大量与主干夹角小、生长强旺的枝条，所以在5月底~6月初，要将强旺枝条留2~3个芽后修剪。

留下的芽抽生的枝条长势中庸，便于管理。

（2）直立枝条多的幼树

[常见的问题和误区] 从主干上抽生的枝条长势会因品种而异，既有与主干夹角小、直立向上的品种，也有与主干夹角大、长势较缓的品种。但一般来说，在幼树期或初结果期，无论哪个品种的枝条长势都强，容易直立向上生长。

与主干夹角小的枝条，结果晚，若将来成为主枝并大量结果后，或寒冷地区因树上积雪，就容易劈裂。

但是，看看建园时种植的苗木，有很多幼树长着与主干夹角小、直立的枝条，这种该怎么修剪呢（图1-4）？

[原因] 就像在"光秃枝多的幼树"部分说的那样，枝条短截后，距离短截部位越近，新抽生的枝条越容易直立（图1-5、图1-6）。

图1-4 直立枝条多的幼树怎么修剪

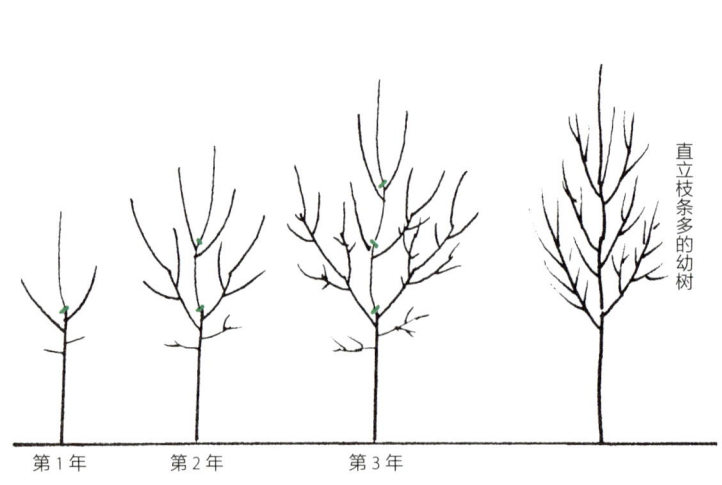

图1-5 从上到下，留下第2根、第3根枝条后，枝条就会直立

图1-6 直立枝条多的幼树

直立的枝条长势很强，从其下方抽生的夹角大、长势缓的枝条，被直立的枝条夺去优势，生长变弱，所以将来不能作为主枝预备枝使用，最终只剩下直立的、难以使用的枝条。

[对策] 为了不形成直立的枝条，如果可能，就在生长初期的5月底~6月初剪掉在短截部位下方抽生的第2根、第3根，甚至是第4根枝条，以促进其下方夹角大的枝条的生长。

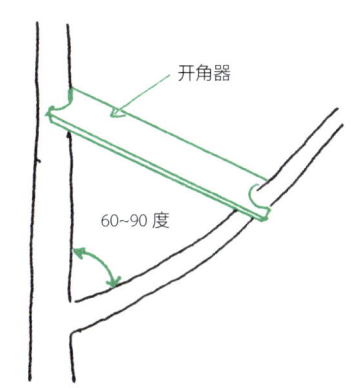

图1-7 用开角器打开枝条角度

直立的枝条，有强旺生长的顶端优势起作用，虽然顶端附近着生有大芽，但是基部只有发育差的小芽或完全不着生芽，容易形成光秃枝。所以对于与主干夹角小的、直立向上生长的枝条，要利用开角器（使枝条角度开张的材料）打开枝条角度，使枝条长势变缓（图1-7、图1-8）。

如果树龄较大的幼树上只有直立的枝条，最好果断地进行改造。

图1-8 通过开角器引缚枝条

第一，想要长枝的地方有夹角小的枝条时，在其基部留2~3个芽后修剪。一般情况下，会从剪口处抽生2~3根新梢，只留下1根长势缓的枝条和1根直立向上生长的枝条（图1-9）。直立向上生长的枝条的作用是牵制长势缓的枝条，防止其再直立向上生长，所以在长势缓的枝条上着生花芽后要剪掉直立向上生长的枝条（图1-10）。

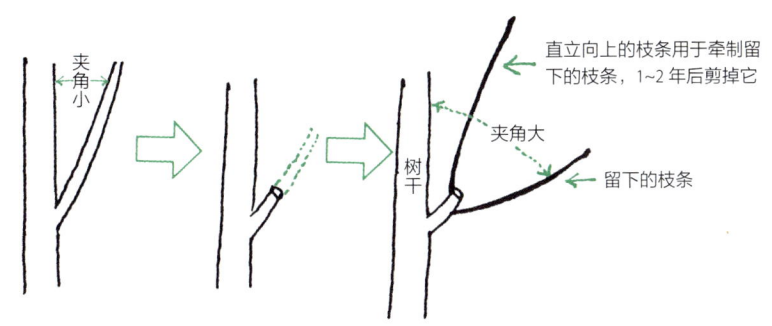

图1-9 留下基部的2~3个芽后修剪，重新抽生枝条

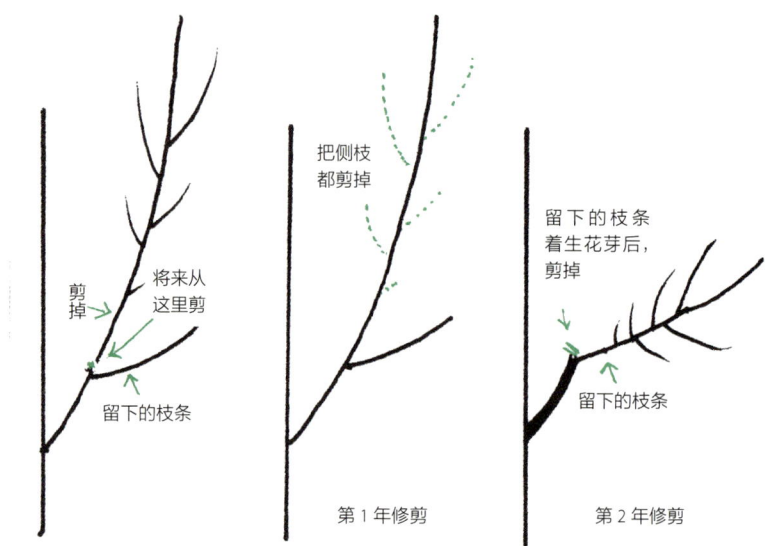

图1-10　将直立的枝条换成长势缓的枝条

第二，要果断地从基部去掉不必要的夹角小的枝条。

◎ 初结果树的修剪

（1）落头过早，易形成大头树

[常见的问题和误区]苹果树的树形一般在幼树期是主干形，初结果期是变则主干形或延迟开心形，盛果期是开心形。

为了培养开心形的树形，修剪的顺序是幼树期多留主枝预备枝，初结果期去掉主干的延长枝，也就是落头，减少主枝预备枝的数量，最后确定2~3根主枝。

落头在树龄达10年前后进行。如果错过时机，上部枝条就会过大，下部的主枝预备枝生长就会变差，整理树形就很费劲，所以说培育树形经常失败。

[原因]植物有顶端优势的特性，越靠近上部的枝条，生长发育越好。并且，越靠近上部的枝条，接受的光照越好，叶片的功能也越强，所以更能促进枝条的生长。

相反，下部的枝条顶端优势差，再加上上部枝条的重叠，光照弱，叶片制造营养的能力也差，所以枝条生长受到抑制，变成了大头树（图1-11）。

[对策]从主干上长有侧枝的阶段就必须注意。从第1年的最下层开始，培养第2年、第3年的主枝预备枝，不过，越是靠近上部的枝条，越要比下部的枝条小。如果选择长势过强的新梢作为预备枝，因其抽生部位在上部，所以生长快，很容易超过下部

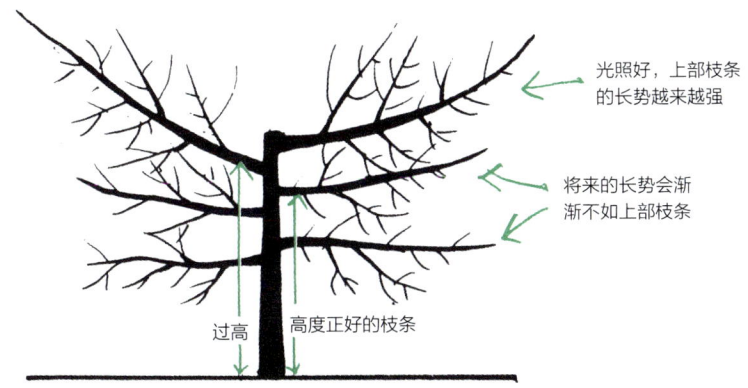

图1-11 落头过早，上部侧枝过大的初结果树

枝条的生长（因为是选留预备枝，所以越到上部越要选小的。但要注意的是，上部不能选择长势过强的枝条。）。第1年培养2~3根预备枝，第2年、第3年、第4年、第5年，每年培养1~3根预备枝，摘掉中心干，到7~10年，预备枝能达到10根以上（图1-12）。

接下来，确定未来的4根主枝。要求1~1.5米高处着生2根，生长方向相反；1.5~2米高处反向着生2根，上层的2根与下层的2根呈十字交叉排列。

确定了这些枝条后，就把最碍事的枝条去掉（图1-13）。要先去掉上部过大、遮光的枝条，以打开光路，增加光照。

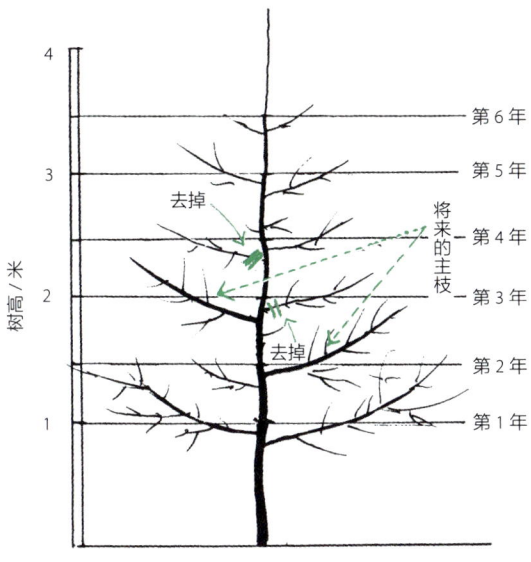

图1-12 用6~7年培养主枝预备枝，要尽早确定主枝

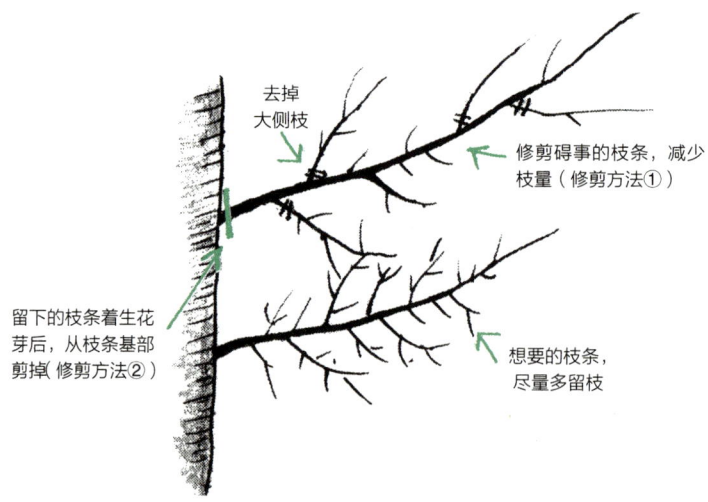

图 1-13　去掉碍事的枝条

然后，中心干上的枝条要少，抑制中心干加粗也很重要。

最后，观察应去掉的中心干附近的主枝预备枝上是否长有花芽。花芽少时，去掉中心干还尚早；如果花芽足够多，就是去掉中心干的最好时机。

（2）侧枝多但结果枝少的初结果树

[常见的问题和误区] 初结果期最重要的是尽量在主干上着生大量枝条，使树体迅速长大，并增加其结果部位（图1-14）。

枝条多时，从根部吸收的营养被各个枝条分散，各枝条的生长也受到抑制，所以有促进花芽形成的效果。

树龄到了7~8年，枝条也逐渐加粗了。此时，从主干上抽生侧枝，也就是主枝预备枝多，这些枝条也在加粗，但每个侧枝上的结果枝却很少，这种树冠内部没有结果部位的空洞化的初结果树很常见（图1-15）。

[原因] 在初结果期，有大约10根主枝预备枝（侧枝），在这些预备枝上着生大量结果枝。

但是，如果每根侧枝都保留，上下侧枝上的结果枝、相邻侧枝的结果枝就会严重交叉。其中，越是靠近侧枝基部的结果枝越容易交叉，会被逐步去掉。另外，越靠近基部的结果枝，光照越差，衰弱越快，即使不交叉，也会被去掉。最终，结果枝少的侧枝逐渐变多。

[对策] 最重要的是对主干上着生的大量侧枝，也就是主枝预备枝进行排序。

将来的主枝是第1位、第2位，在将来的主枝形成之前填补树冠内空间的主枝预备

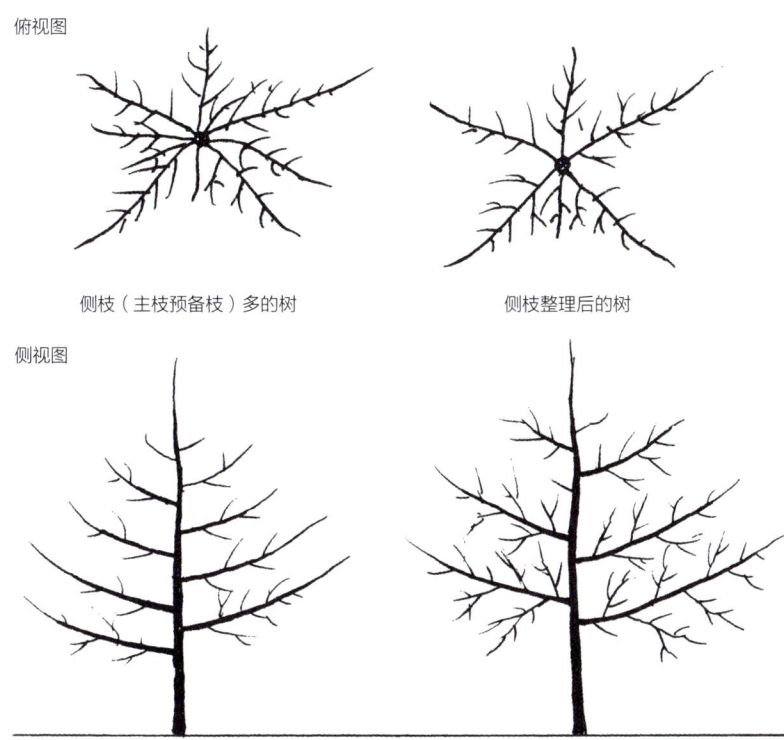

图1-14 侧枝多的树和整理后的树

枝是第3位、第4位，以此顺序培养。第1位、第2位的枝条选择在离地面1.5~2米高处反向生长的2根，第3位、第4位的枝条选择在1~1.5米高处反向生长的2根（图1-16）。

在排列了第1~4位的枝条后，处理留下的碍事枝条。也就是说，为了确保留下的永久枝条上的结果枝能充分接受光照，或有新枝条生长但不交叉的空间，要去掉碍事的枝条。

但是，如果因为碍事就1年

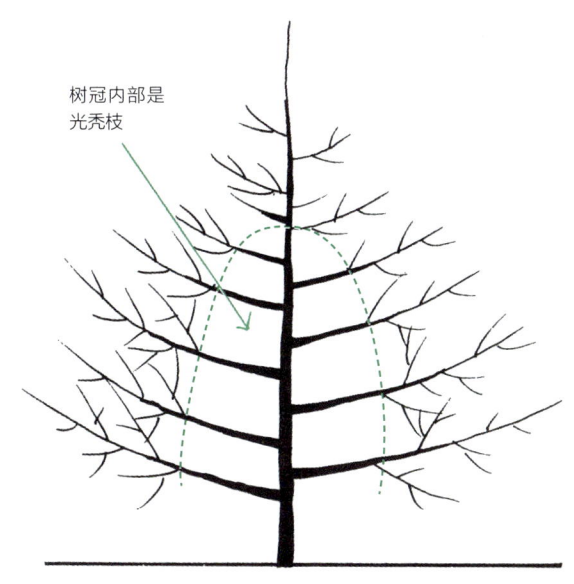

图1-15 侧枝过多的初结果树，树冠内部没有结果部位

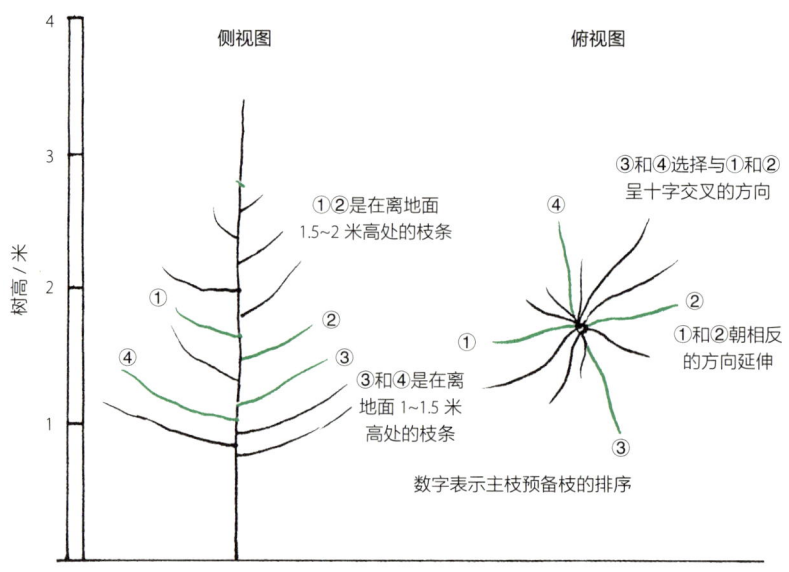

图1-16 对主枝预备枝进行排序整理

去掉3根或4根侧枝,整体树势会变强。最好的方法是每年去掉1~2根最碍事的枝条,经过3~4年将枝条整理到位。

◎ 盛果期树的修剪

(1)骨干枝过多的盛果期树

[常见的问题和误区] 骨干枝,也就是主枝,一般2根最好,有时3根也可以。苹果果实是结在细枝上,而不是在骨干枝上。

但是,为了在有空间的地方配置结果枝,就需要能长出大量结果枝的骨干枝。因此,有人认为骨干枝多了,结果枝就多,产量也会提高。然而,即使是盛果期树有4~5根骨干枝,也错过了整理枝条的最佳时机,导致产量下降,这种失败的案例也有很多(图1-17)。

[原因] 在幼树期,组成骨架的枝条不会太粗,大多是结果枝,所以枝条数量多一点好。但是,随着树龄增加,枝条也在加粗,渐渐变成不能直接结果的枝条。因此,粗枝作为骨干枝时,要考虑骨干枝上结果枝的距离与方向,通过修剪进行巧妙地配置。

然而,结果枝会生长至2~3米长,也会横向扩展。骨干枝多了,同侧相邻骨干枝上的结果枝就会交叉,导致光照变差,结果枝上几乎没有花芽,即使有花芽也是弱花芽。于是,产量下降、品质下降。

[对策] 与初结果期减少侧枝数量一样，骨干枝也要根据重要程度排序。

主枝有2根。因此，重要的骨干枝有2根，将方向大致相反的2根骨干枝，排为第1位、第2位就可以了。

如果有4~5根骨干枝，就一定会发生结果枝交叉的情况。

最重要的是，决定留下的第1位、第2位骨干枝上的结果枝，受到其他骨干枝的结果枝妨碍时，首先要将影响它的结果枝去掉。

留下的骨干枝上尽可能多留结果枝，并能保证其充分接受光照。

也就是说，枝条交叉时，逐渐减少不必要的骨干枝上的结果枝，最后将不必要的骨干枝从基部去掉，从而减少骨干枝的数量（图1-18）。

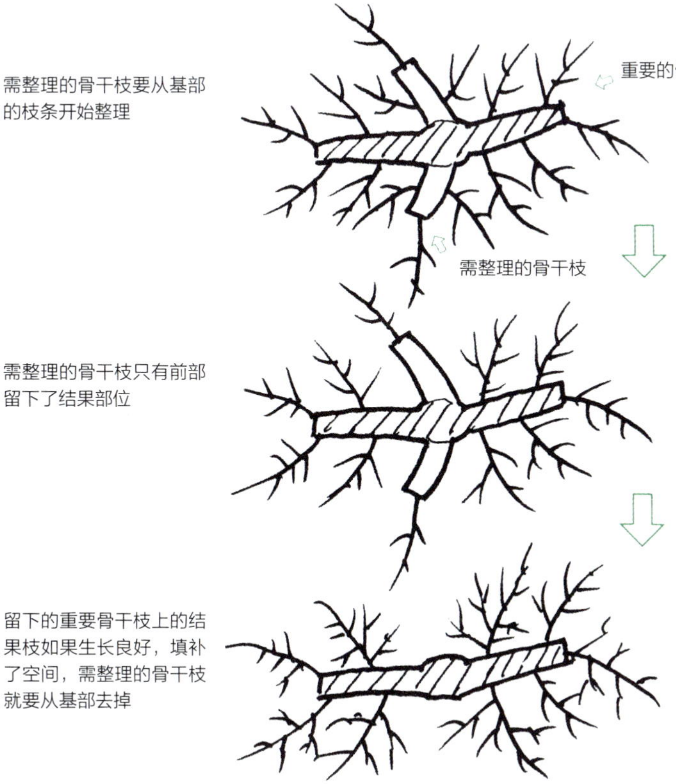

图 1-17　骨干枝过多的盛果期树

图 1-18　骨干枝的整理方法

（2）局限于品种，就会导致修剪错误

[常见的问题和误区]

①富士，枝条抽生量大，连续坐果后，枝条严重衰弱，芽也会变小。

②津轻，侧枝抽生难，易形成光秃枝，连续坐果后，枝条也会很快下垂。

③王林，即使是直立枝也容易着生花芽，而枝条不易下垂。但是，下垂的枝条上的芽会变得非常小。

④陆奥，枝条长势强旺，难以抽生侧枝。下垂的枝条很难生产优质果。

⑤乔纳金，枝条长势强旺，但容易着生花芽，枝条容易变成棒状串花枝，而且衰弱也很快。

⑥千秋，嫩枝生长强旺，容易形成光秃枝。直立枝容易加粗，但随着枝龄的增长，下垂也很快。

如上所述，不同品种虽然有与生俱来的不同特性，但局限于这些特性，导致栽培失败的例子也有很多（图1-19）。

[原因]的确有容易抽枝的品种和不容易抽枝的品种，容易着生花芽的品种和难着生花芽的品种，衰弱剧烈的品种和衰弱不那么剧烈的品种等。正是因为不同品种有各种各样的特性，所以难抽枝的品种要多短截；难着生花芽的品种要多留小枝，进行疏除修剪；衰弱剧烈的品种要多回缩。根据品种特性尽量区别修剪。

但是，枝条的性状还会因土壤的好坏、树龄或枝龄、上一年的施肥量或坐果量等各种因素的变化而变化。

因此，如果认为这个品种有这样的特性，所以就要这样修剪，就会犯错误，把不该剪得过多的树或枝条剪得过多，或把必须强剪的树或枝条轻剪了。

[对策]修剪时，要根据枝条的性

图1-19 局限于品种，就会导致修剪错误

状,也就是枝条的长短、枝条的数量、枝条的角度等,准确判断树势。

新梢长到 50~60 厘米长,从枝条的主轴顶端还能抽生 3~4 根新梢,像这样树势强的树或枝条,无论哪个品种都不能按照原来的修剪方法修剪,而是要多留一些枝条。其中,长 20~30 厘米的小枝尽量留下不剪,修剪手法以疏除修剪为主(图 1-20)。另外,不能只靠修剪来维持树势,还要采用拉枝、开角、减少施肥等各种措施。

对枝条细、新梢长 10~20 厘米、芽变小的树或枝条,要采用回缩、抬剪等措施对枝条进行更新,或调整侧枝、调整花芽等。除了修剪以外,还可以同时采用施用堆肥、浇水、加强疏果等增强树势的其他管理措施。

中、长果枝等抽生少时,可以在枝条长度的 1/6~1/5 处短截(图 1-21)。

综上所述,在判断品种特性之前,先判断枝条的性状、树势,然后加以应对,就不会出现导致树势紊乱的大错误了。

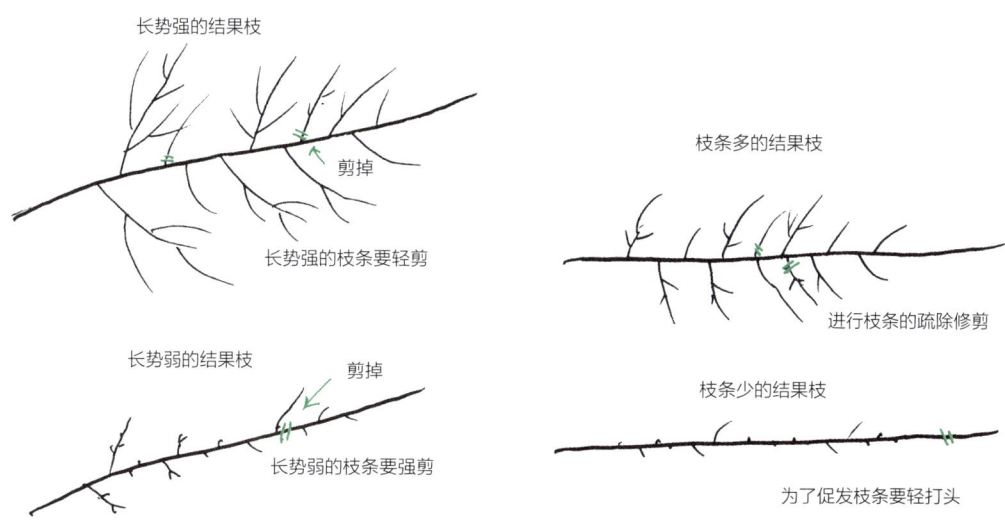

图 1-20　长势强的枝条轻剪,长势弱的枝条强剪,这些修剪要在品种特性基础上进行

图 1-21　根据枝条的多少,改变修剪方式

(3)下垂枝是果实小、长势也弱的枝条吗

[常见的问题和误区] 一般来说,上部的枝条中,越是直立向上生长的枝条(直立枝),长势越强;下部的枝条中,越是朝下生长的枝条(下垂枝),长势越弱。

强枝结大果,弱枝结小果。因此,也有人认为下垂枝是无用的枝条,把它剪掉。实际上,即使是下垂枝,如果想方设法复壮,也能结大果(图 1-22)。

[原因] 想要增加单株的产量，必须有大量的结果枝。

若着生的全是直立枝、水平枝，或者全是下垂枝，就会加剧枝条交叉，所以不能着生太多单一种类的枝条。但是如果是直立枝、水平枝、下垂枝等立体着生，就会增加枝条数量，产量也会提高。

这些枝条与地下部的根系有着密切的联系。强枝生强根，弱枝生弱根，这是树木的生理特性。

因此，如果按照树木的自然状态培养枝条，那么吸收水分、养分的能力就会减弱，下垂枝的果实，养分、水分的供给会变差，果实的发育也变差了。

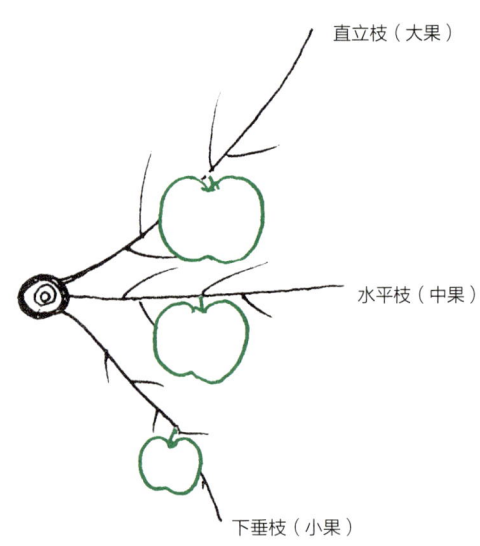

图 1-22　一般枝条越直立就越长大果吗

[对策] 即使是下垂枝，也可以通过疏果减少果实数量，或修剪增强枝条长势。与之相对应的是根系的活动也会变得活跃，吸收水分、养分的能力也会增强，果实发育也会变好。

强化下垂枝的长势有 4 种方法（图 1-23）。

①确定分叉的下垂枝的主轴。在从主轴分生出来的枝条中，剪掉长度超过 20~30 厘米的大型分枝。分枝变少后，输送到这个枝条上的水分、养分，就会集中到主轴上，

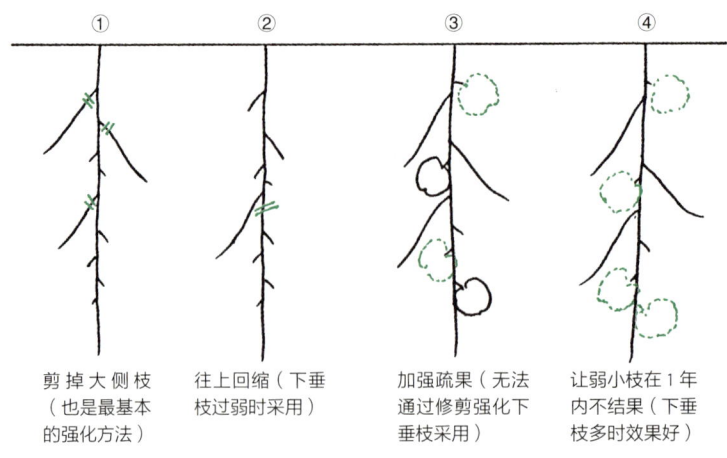

图 1-23　下垂枝的强化方法

着生在主轴上的芽就容易饱满充实。另外，由于形成棒状的枝条，与相邻的下垂枝交叉较少，所以下垂枝的数量可以适当增多。

②最普遍的是采用往上回缩的方式。回缩后，留下的枝条会增强，但枝条扩展幅度变大，容易与相邻的下垂枝交叉。

抽生的新梢长10厘米左右时，将主轴的长度减半；长15厘米左右时，将主轴的长度缩短到1/3，这是大致的标准。

回缩不是在抽生的新梢上进行，而是在2年生以上、着生花芽的枝条上进行，这样也很少造成树势的紊乱，是合理的。

③加强疏果。下垂枝由于新梢抽生的数量与生长量都少，所以叶片数量少。果实的发育与叶片数量有关，虽然品种不同会有差异，但培养1个果实必须要有40~50片叶。由于下垂枝的新梢少，叶片数量也少，所以必须加强疏果。

④让弱小的下垂枝在1年内不结果，以便恢复枝条长势。

若大量着生下垂枝，结果枝与预备枝每年要进行轮换。

这4种方法，采用哪一种都可以。不过，我认为把枝条培养成棒状，根据叶片的数量加强疏果，是最方便的方法。

（4）徒长枝是累赘但也是宝

[常见的问题和误区] 据说修剪是从剪徒长枝开始的。

跟着老师开始学习修剪的初学者，首要的工作是剪徒长枝，结果把骨干枝上的徒长枝几乎都剪掉了。

但是，其实徒长枝在调整树形上起着极其重要的作用。

[原因] 骨干枝上抽生的徒长枝，多数是直立枝，长得快、长得大，问题很多，如会妨碍树冠内部的光照，成为病虫害的巢穴，还会加速下部枝条的衰弱。

另外，如果这些徒长枝正常生长，形成结果部位，结果的年龄会推迟，而且树体会渐渐变高（图1-24），工作效率极其低下，所以被称为累赘。

图1-24　徒长枝利用不好，树就会变高

但是从盛果期至衰老期，骨干枝基部结果枝少，易长成光秃枝多的树，而要想形成结果部位，无论如何都必须利用徒长枝。

[对策] 徒长枝是吸收养分、水分能力最强的枝条，在树势弱的树上才有利用价值。

一般来说，骨干枝背上直立的徒长枝要剪掉，骨干枝背上斜向上生长的徒长枝也可以剪掉，至于剪掉多少，要视情况而定。留下长度在40~50厘米的徒长枝，希望将来结果后成为下垂枝（图1-25）。

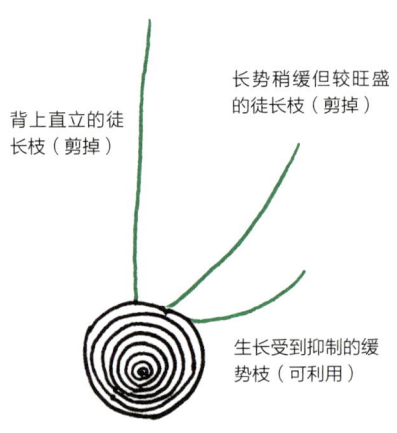

图1-25 徒长枝的种类

有很多像这样长势好的枝条时，每间隔30厘米留1根，其余的疏除，随着枝条的生长，将来根据枝条的着生部位或与其他枝条的交叉程度，进一步拉开间隔距离即可。

如果骨干枝有光秃的地方，且没有缓势枝，就利用骨干枝背上的直立枝作为结果部位。

冬季修剪时，将徒长枝留30厘米剪掉。修剪后，第2年就会抽生3~4根新梢。下一年修剪时，从中选留1根直立枝和1根缓势枝，其他的从基部剪掉。

将来需要的是缓势枝，直立枝是防止缓势枝直立生长的牵制枝。

并且，在下一年冬季修剪时，从牵制枝上抽生的枝条连同牵制枝全部剪掉，就形成了1根棒状枝条。注意牵制枝不能太粗。若牵制枝太粗，将来用作结果枝的枝条生长就会变差。

缓势枝上着生花芽后，从着生缓势枝的部位上方把牵制枝剪掉就可以了（图1-26）。

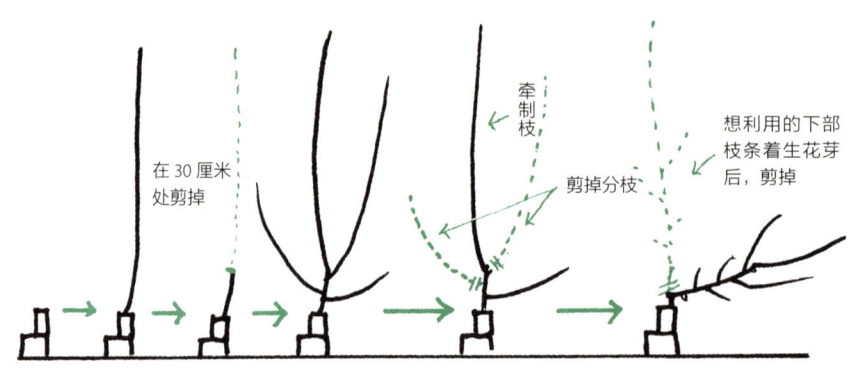

图1-26 把徒长枝培养成长势稳定的结果枝

这样，既可以利用徒长枝形成稳定的结果部位，又不会使树体变高。

（5）新梢长的树，树势就好吗

[常见的问题和误区] 树势的好坏，多以新梢的长度来判断。显而易见，长新梢的叶片数量多，叶片也大。

但是，新梢长得过长的树，有时会生产出着色和味道都差的大苹果，有时还会生产大量的像患苦痘病一样的残次果。新梢太长并不一定对苹果生产有利。

[原因] 苹果树的枝条过长，形成的花芽会变差；花芽过量，枝条的生长就会变差，导致结果枝数量不足。

因此，为了生产更多的果实，必须要调整枝条的生长方式和花芽的着生方式，有必要将新梢控制在适当的长度。

[对策] 树势的调节，可以通过修剪、培土、施肥、疏果等各种管理的综合应用来完成。判断树势的要点有很多，但在休眠期要观察以下几点。

从结果枝的主轴顶端抽生 1~2 根较粗的新梢，其长度为 30~40 厘米，说明树势良好。

从顶端抽生 3~4 根新梢，新梢有 50~60 厘米长，或即使只有 30~40 厘米长，树势也强；反之，新梢只有 10~20 厘米长，树势就弱（图 1-27）。如果枝条的皮色是巧克力色，那就是阳光充足的健康枝条；如果颜色偏浅黄，则是光照不足的弱枝。

用手指轻压枝条时，枝条有弹性，呈弓形弯曲的说明树势较好，瘦弱的枝条呈 U 形弯曲（图 1-28）。大花芽多，并能连续着生到 2 年生枝基部的树势较好；大花芽多，但与小芽混在一起，芽数少的树势强；着生小芽多的是树势弱的树上的枝条。

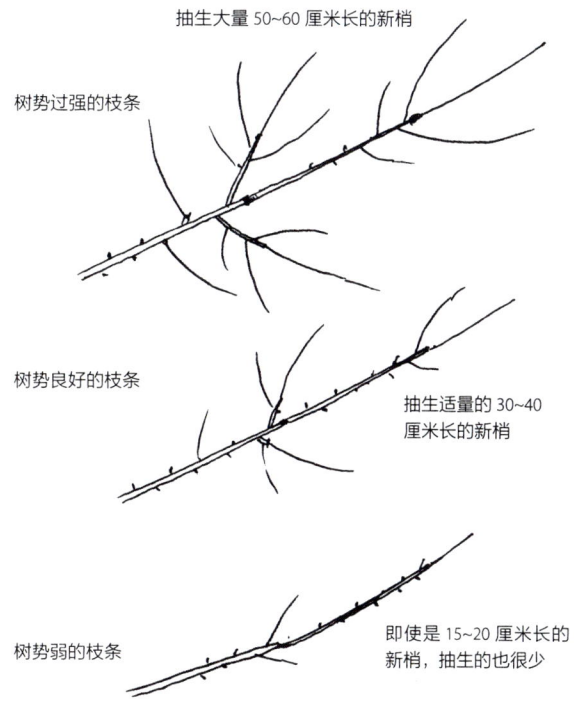

图 1-27　从新梢的生长情况判断树势

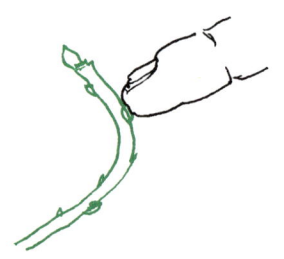 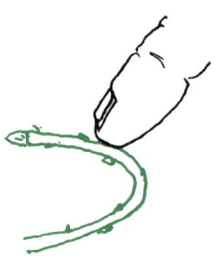

充实的新梢（树势良好）　　细弱的新梢（树势弱）

图 1-28　从新梢的硬度判断树势

2　矮化树的修剪

◎ 树体高的矮化树好吗

[常见的问题和误区] 欧洲的矮化树，树高在 2 米左右，作业时不需要用折梯，工作效率也很高。

而在日本，经营规模小的果农，一般是通过增加树高来增加结果部位，以提高产量。但是，树体高大的树，不一定能达到高产优质的生产目的。

[原因] 20 世纪 50 年代，日本开始流行栽植乔化树，1000 米^2 的产量达到 6~8 吨的栽植乔化大树的果园比比皆是。但是，树体高了，导致管理不便，农药也打不到高处了，病虫害发生严重，下部枝条衰弱，结果是果实品质变差；现在的树形，用低矮的折梯作业，反而容易生产优质的果品。

矮化树也一样，树体高大的优点能维持到 10~15 年生。其后，由于树冠下方光照不足及顶端优势，便于管理的下部枝条被上部的枝条夺去长势而生长减弱，逐渐导致坐果量不足、果实品质下降。

[对策] 树高 3 米以上部位形成的果实有 10~15 个，与下部枝条相比屈指可数，但疏果、摘叶、采收都必须使用搬来搬去极不方便的笨重折梯，可操作性会极大降低。

考虑到工作效率和下部枝条的衰弱，10~15 年生的树高控制在 3.5 米左右最好，可以在高约 1.5 米的折梯上作业（图 1-29）。

树龄小时，主干上着生的侧枝生长也很旺盛，过早控制树高后，因其顶端优势极其显著，很有可能形成大头树（图 1-30），所以多是通过加强主干的延长生长，抑制侧枝的生长，维持树势。

图 1-29 树体高的树和树体低的树

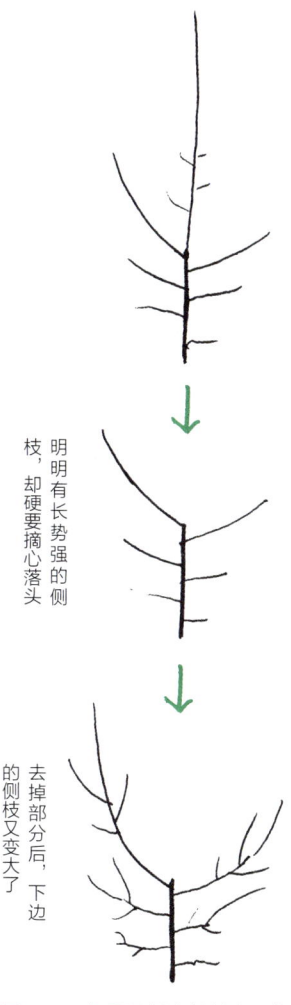

图 1-30 如果强制降低树高,就会变成大头树

降低树高时,并不是机械性地降低,而是要仔细观察枝条的状态再实施,这样才不会失败。

如果紧贴回缩部分下方,附近结果的小枝多,花芽多,即使回缩,从那部分抽生的徒长枝也少,留下的枝条也不会疯长,进而可以控制树高(图 1-31)。

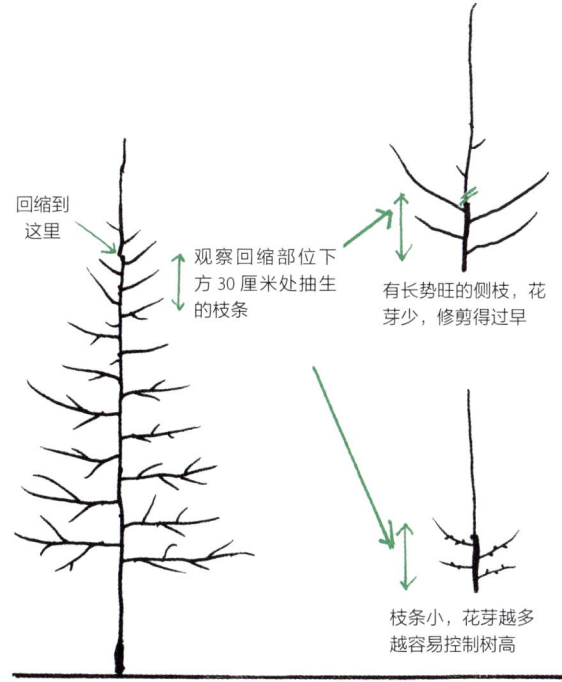

图 1-31 降低树高

◎ 看起来细长的非标准矮化树

[常见的问题和误区] 理想的细长纺锤形树形，从外观上看像圣诞树（图1-32）。在这种树形中，如果着生的侧枝与主干的粗细相似，那么着生侧枝部位以上的主干部分生长会极差，从这部分主干上抽生的侧枝数量也少，生长也会变弱，即长成所谓的非标准矮化树（图1-33）。

[原因] 一般乔化砧木嫁接的树都会表现出顶端优势，越靠上的枝条生长就会越好。

但是，矮化砧木嫁接的树，尤其是枝条小时，越靠近下方的侧枝，吸收水分、养分

图1-32 理想的细长纺锤形树形

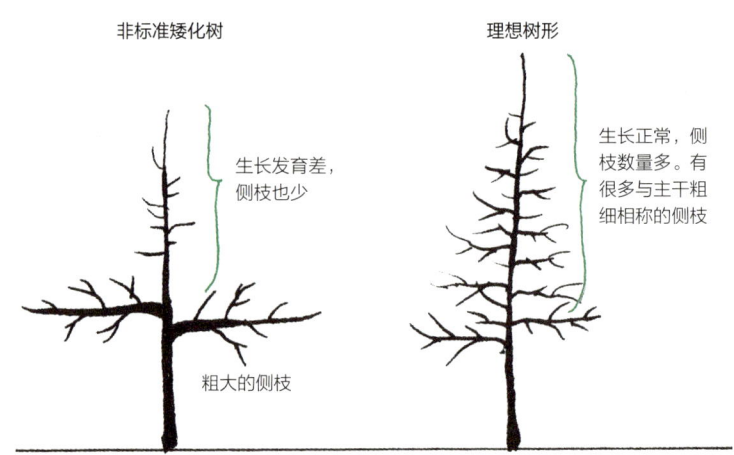

图1-33 非标准矮化树和细长纺锤形树形

的能力越强，加粗也快。特别是，枝龄与主干相同、粗细也相似时，这种倾向就会更加明显。

[对策] 在土壤肥沃的地方，栽植根量多的苗木后侧枝抽生量大，与主干粗细相似的枝条很容易被过早地剪掉并丢弃。

但是，土壤瘠薄或栽植根量少的苗木时，就很少抽生侧枝。即使觉得这些侧枝很粗，会和主干形成竞争，也不会被剪掉，认为这样会减少结果部位。这是导致非标准矮

化树形成的重要原因。

苗木栽植后进行短截,不能让与主干同龄的侧枝抽生,即不能在剪口下 10~20 厘米处抽生细弱的枝条,否则会有长成非标准矮化树的危险(图 1-34)。

因此,在第 2 年修剪时,把长出的侧枝全部从基部剪掉,从当年夏季抽生的枝条,也就是将抽生晚的枝条用作侧枝,这样就会减少侧枝与主干的竞争,导致非标准矮化树的情况也会减少。

如果已经产生了非标准矮化树,要果断地在过强的侧枝基部留 2~3 厘米(橛)后剪掉(图 1-35)。

也可以从留下的橛上抽生的枝条中,将生长发育稍弱的缓势枝用作将来的侧枝(图 1-36)。

图 1-34　失败的矮化树改造

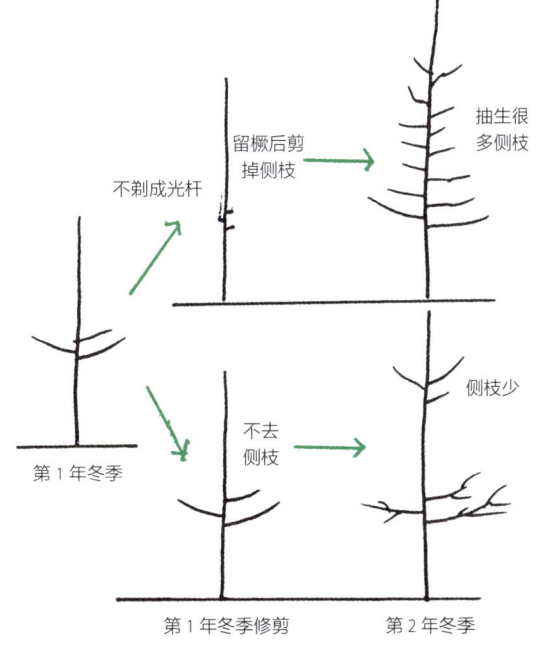

图 1-35　第 1 年通过修剪去掉侧枝后,第 2 年抽生很多侧枝

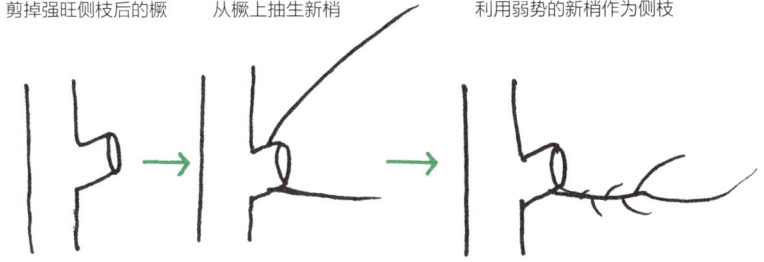

图 1-36　从橛上抽生枝条的利用方法

◎ 侧枝过大，破坏细长的树形

[常见的问题和误区] 在细长纺锤形的矮化树形中，最容易造成树形紊乱的是侧枝长得过长，失去了圣诞树样的细长树形（图1-37）。

树冠上部或中部的侧枝又长又大，会形成圆柱形、卵形等树形（图1-38）。

如果上部有大侧枝，便于管理的下部侧枝就会变弱，这在前面也说过，但这种树形随处可见（图1-39）。

[原因] 树冠中部的侧枝大，是因为当时用60~70厘米长、长势强旺的新梢作为侧枝，侧枝上结出优质果后必须进行回缩时，但因舍不得更新，没有进行回缩修剪。

树冠上部的侧枝大、形成的大头树，主要的原因是使用了长势强旺的新梢作为侧枝。

图1-37　侧枝过大，失去圣诞树样的细长树形

[对策] 适合密植栽培的细长纺锤形的基本树形是像圣诞树一样的等腰三角形。

侧枝数量多的情况下，修剪时先将又长又大的侧枝从基部剪掉即可。

不能从基部剪掉时，回缩到着生花芽的2~3年生枝处，缩短侧枝整体的长度。

如果没有可以回缩的枝条，就连同侧枝的前段当作1根，把侧枝引缚到水平线以下，促进侧枝的基部抽生更新用的枝条，等到抽生的枝条着生花芽后回缩即可（图1-40）。

树冠上部又长又大的侧枝，会给下部枝条的生长发育造成严重影响，即使是因坐果而舍不得剪去的枝条，也要尽早剪掉。

注意，又长又大的侧枝多时，若1年之内全部去掉，留下的枝条的长势就会增强，所以1年只能去掉1~2根。

去掉3根时，即使留下的枝条多少还会有些拥挤，但也不能修剪得太干净，必须多留些枝条。

第 1 章　休眠期管理

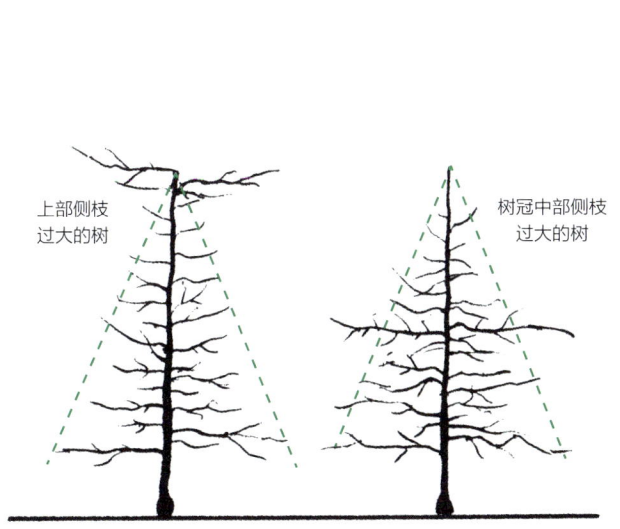

图 1-38　失去平衡的侧枝

图 1-39　树冠中部又长又大的侧枝

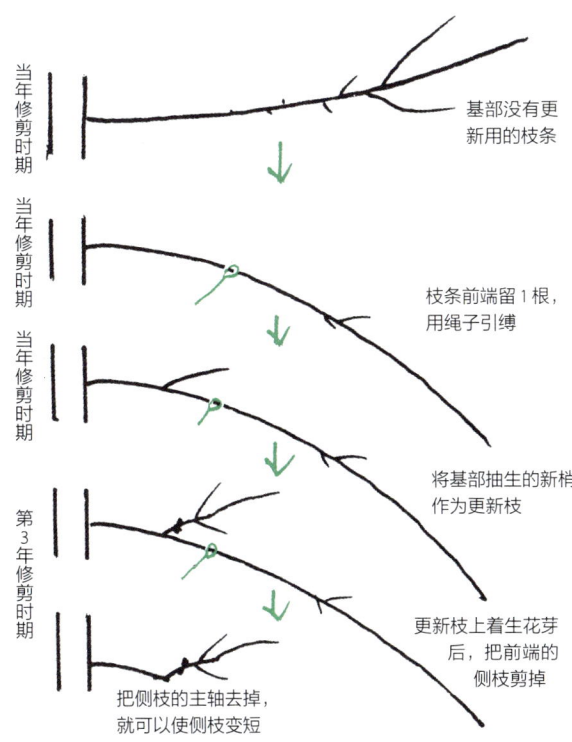

图 1-40　基部没有更新枝的长侧枝的更新方法

◎ M 系矮化砧木也需要支柱

[常见的问题和误区] 矮化栽培中，如果采用了细长纺锤形的树形，为了防止被风吹倒，立支柱是非常必要的。

但是，支柱费用高，还有立支柱、把树苗靠近支柱绑缚等很多麻烦的工作。

据说在美国培育成的矮化砧木 M 系，根系发达，不需要支柱。但是在台风或强风多的日本，若采用了细长纺锤形的树形，没有支柱则倒伏的风险很大。

[原因] 苹果树地上部和地下部的发育，始终要保持平衡（图 1-41）。

自然环境中生长的行道树，如果在花盆这种限根环境中生长，就会变成漂亮的盆栽。

即使是根系生长很好的 M 系砧木，若培育成细长纺锤形那样适合密植栽培的小树形，根系生长当然也会变差，成为抗风性差的树。

[对策] M 系砧木，作为矮化性能最强的砧木，一般用来制作细长纺锤形的密植树形。

最好是用 1 根钢管或木制的支柱，或者像花架（篱笆）一样，架线来加固树体。

日本是台风和强风等风灾多发的国家，为了能够承受最大风速超过 30 米/秒的风，M26 砧木采取一般的树体加固措施是安全的。

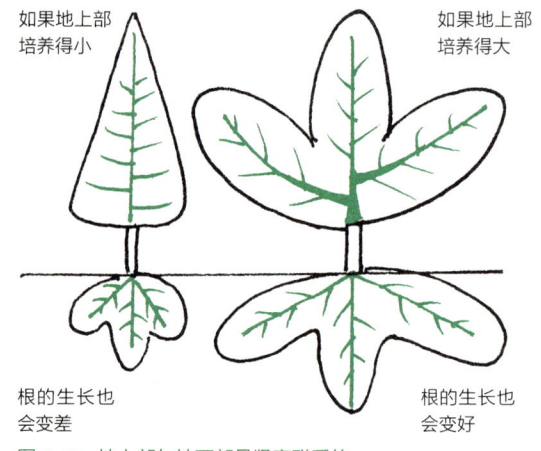

图 1-41　地上部与地下部是紧密联系的

如果是每 1000 米² 栽植 50~80 株的中等密度矮化栽培，栽植间距变大，地上部分也会变大，根系生长也会变得更好，所以抗风性也会增强，对支柱的需求也会更少。

但是，由于嫁接部位的愈合较差，所以要用短支柱加固（图 1-42）。

一般来说，密植栽培时的支柱长度为 3.5~4 米，中等密度栽培时的支柱长度为 1~1.5 米就足够了。

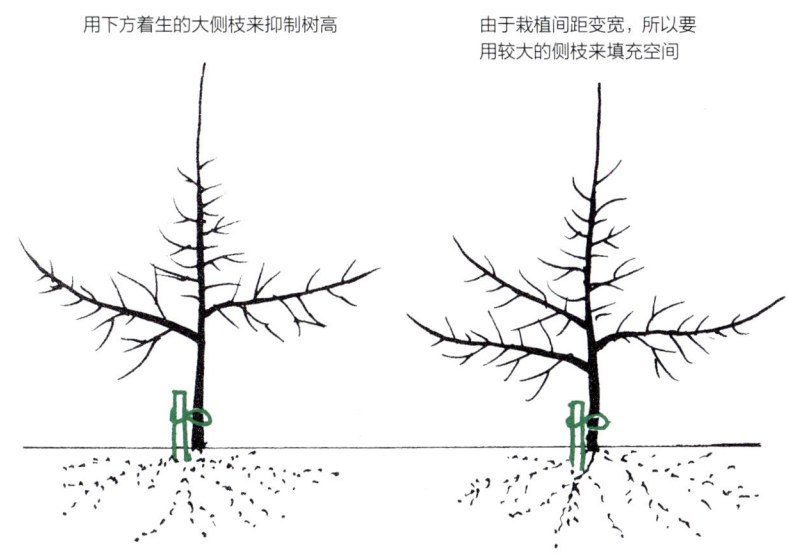

图 1-42 中等密度栽植的矮化树

◎ 有人认为矮化树没有强树势

[常见的问题和误区] 矮化树的树体小，结果早。因此，每 1000 米^2 栽植 125 株（株行距为 2 米 × 4 米）的密植栽培正在盛行，但长势强旺、树体过大、与相邻树的枝条交叉严重、树冠内部透光性变差、着生花芽变差、果实品质下降的果园也有很多。

[原因] 现在，从育苗者手中购买的矮化苗木，几乎都不是矮化自根砧苗木，而是在山定子基砧上嫁接矮化砧木，再在其上嫁接各品种的苗木。这是因为矮化砧木扦插繁殖困难，而山定子扦插繁殖容易。矮化自根砧苗木与嫁接在山定子基砧上的矮化砧苗木，种植后的生长发育当然会有差异。

另外，矮化砧木与嫁接在矮化砧木上的品种组合不同，生长发育状况也有所差异。M26 砧木与金冠系品种的组合具有矮化倾向；M26 砧木与富士的组合可使树势增强，树体变大。

[对策] 新栽植时，M26 自根砧行距为 4 米，株距因品种而异，富士为 2.25～2.5 米，王林、津轻等为 1.5～1.75 米，其他品种为 2 米即可。

但是，若 M26 砧木下面是山定子作为基砧，株距要增加 0.25～0.5 米。

现在，无论是自根砧还是用山定子基砧，相邻树间侧枝交叉超过 40～50 厘米、株距是 1.5 米的，最好间伐，使株行距变成 3 米 × 4 米。

株行距为 2 米 × 4 米的树交叉，也是最大的问题。

即使完全不进行间伐，也要确定扩大树冠的树（永久树）和缩小树冠的树（临时树），再进行修剪（图 1-43）。如果不这样区分，仍然混在一起，间伐也可以。

缩小树冠的树，沿行向生长，先把相邻树间交叉的侧枝去掉，结果部位留在有空间的行与行的通道上。因为这些树去掉的枝条多，树势无论如何都会增强，所以要在主干下部造伤，并减少施肥量；如果树势还是强旺，就用铲子等轻微断根，重要的是要使树势变弱。

扩大树冠的树，如用山定子作为砧木的初结果树，会向四周伸展侧枝，从细长纺锤形变成侧枝加长、与山定子砧木主干形相似的树形。由于侧枝加长，不便于管理，产量也会大幅下降，但果实品质会得到提升。

要维持 2 米 ×4 米的株行距，首先要彻底将侧枝引缚到水平线以下，促发基部抽生可用于回缩的枝条。

其次，在主干上着生的侧枝中，冬季修剪时去掉 2~3 根长势最强、最长的侧枝。因为一次性去掉 5~6 根强大的侧枝后留下的枝条又会变得强大，所以通过 2~3 年整理，就会有大量着生着花芽的短枝（图 1-44）。

最后，强大的侧枝过多时，春季在嫁接部位上方造伤。

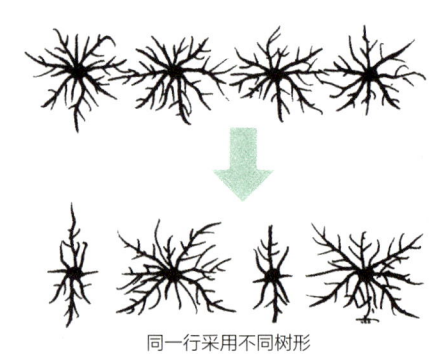

图 1-43　栽植过密的果园的处理

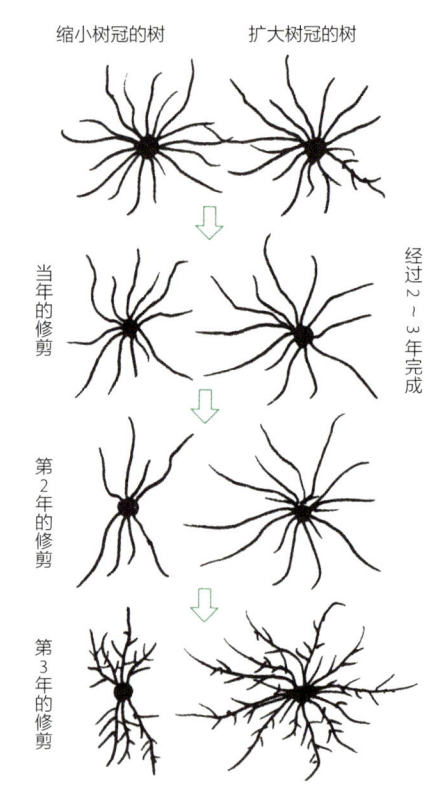

图 1-44　树冠的缩小与扩大方法

◎ 矮化树形并不是只有细长纺锤形

[常见的问题和误区] 日本的苹果树矮化栽培，在 1965 年以后才真正开始。在矮化密植栽培中，由荷兰人开发的细长纺锤形树形被技术权威们认为是最可行的

树形，即使是栽培行家也在用。

随着矮化的普及，且以荷兰方式修剪的树形也有不适合日本水土的地方，经过改良，形成了日本特有的细长纺锤形树形。

现在，不仅仅是细长纺锤形受到关注，主干形或开心形的矮化树形也受到了关注（图1-45）。

[原因] 矮化栽培的苗木费、支柱费等费用，比用乔化砧木栽培的更多。

苹果产量的增加，导致销售价格低迷，收益也相应减少，新的、过剩的投资，使种植更加艰难，人们逐渐开始考虑花钱少的矮化栽培。

另外，不使用支柱的主干形或开心形树形，为了下方的侧枝不受雪灾而抬高主干，也可以形成耐雪的树形（图1-46）。

如果把树高控制在3.5米，产量大概会有所减少，但只要便于管理，也可提高树高。

图1-45 矮化树形并不是只有细长纺锤形

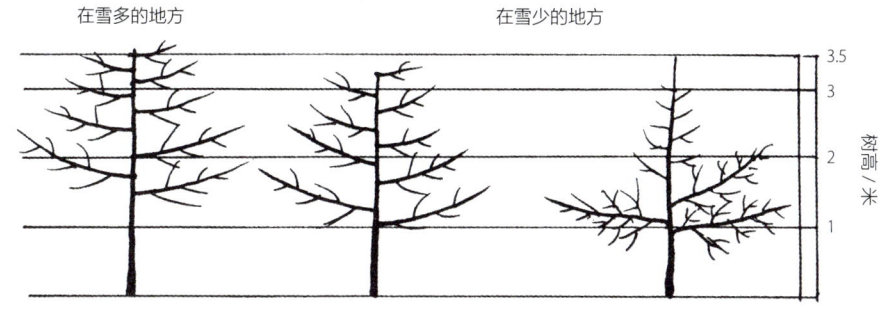

图1-46 受到关注的矮化树形

[对策]这些矮化树形目前还没有完全推广开，日本各地的种植户都尝试过，也取得了成功，还无法确定哪种树形是最好的。

一种树形是在下部配置3~4根大侧枝，通过这些大侧枝抑制上部枝条的生长。也就是让树体处于非标准状态，限制树高。在雪多的地方，根据积雪量的不同，为了不让侧枝被雪埋住，改变枝条的着生位置，将着生部位抬高就可以了。如果这样还不放心，在采收后将下部的1~2根枝条用简易支柱支起来即可。

另一种树形是使用山定子砧木初结果期的开心形树形。在雪少的地方，着生在主干上的侧枝有7~10根，最下面的1根侧枝着生在约1米高处；在积雪深度为1.5米的地方，从离地面1.2~1.3米高处开始着生侧枝，最高的侧枝着生在约3米高处，就能成为便于管理的树。

要培养这种树形，当然要扩大树冠，株行距为（3~4）米×5米，每1000米^{2}栽植50~67株。

◎ 矮化树的树势明显衰弱

[常见的问题和误区]树行排列整齐的矮化园，结着很多优质果的状态，真是漂亮极了。

然而，也有很多果园因树势衰弱、枯死，造成缺株等，因此未能发挥出作为矮化园的优势。

[原因]矮化树树势衰弱的原因各种各样。如有效土层浅、土壤瘠薄、排水不良、干旱等土壤原因，品种与砧木不亲和、品种在砧木上的嫁接部位过高、栽植浅、产生巴结（气生瘤）、栽植根系数量少且生长发育差的苗木等苗木原因，除此之外，还有结果过多、夏季的极端修剪、老鼠、野兔危害、纹羽病等，涉及多方面原因。

[对策]先要搞清楚树势衰弱的原因，然后采取对应的措施（图1-47）。

①有效土层浅或土壤贫瘠。因为这种土壤不利于根系生长，所以在距离树干70~80厘米的地方，沿树行挖1条深度超过50~60厘米的沟，按照2~3吨/1000米^{2}的标准施入堆肥。

②排水不良。栽植苗木时，在栽植穴的旁边沿树行挖1条15~20厘米深的水沟，可将多余的水快速排出园外，防止大量的水进入栽植穴。

③干旱。干旱时，浇水10~20毫米深，或从初春开始在苗木周围覆盖约10厘米厚的稻草，施肥量也要在标准的基础上多施20%~30%，努力使新梢生长到30厘米长。

④嫁接部位肿大。M26和金冠系的品种组合在一起，嫁接部位会变大。嫁接部位

第1章 休眠期管理

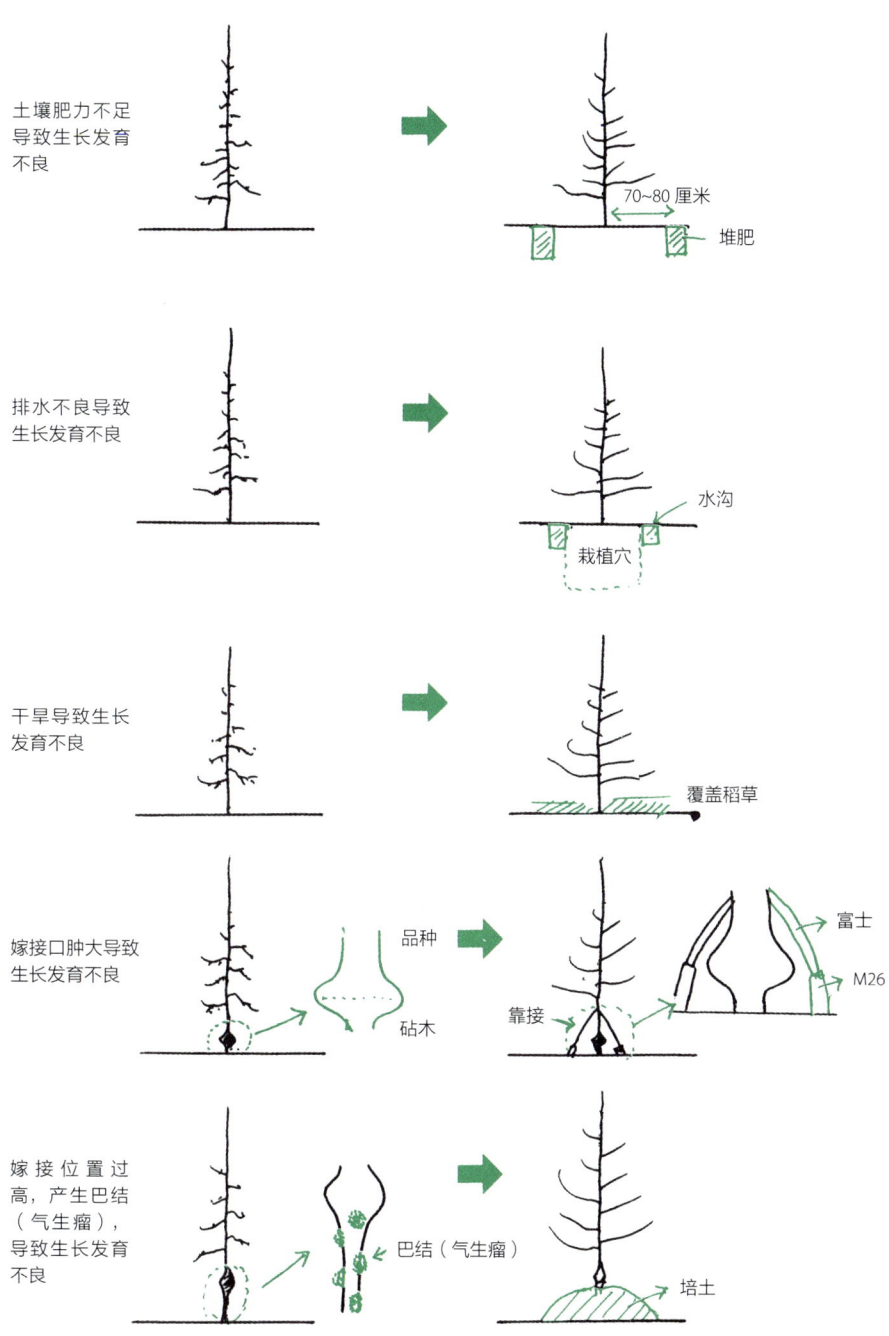

图1-47 矮化树衰弱的主要原因和对策

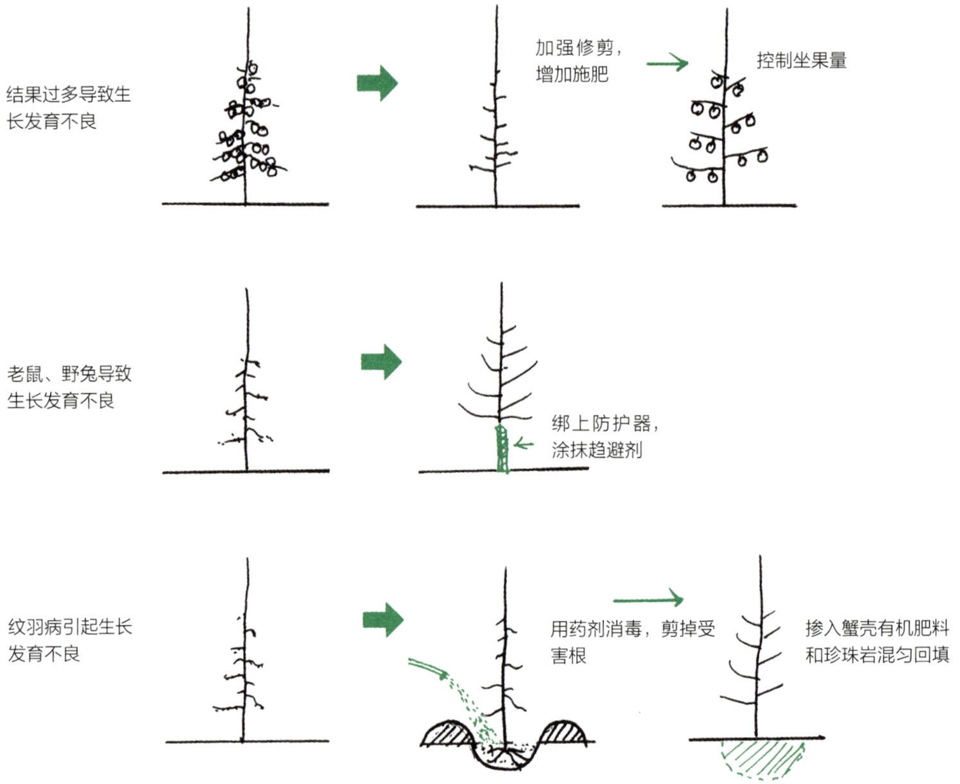

图 1-47　矮化树衰弱的主要原因和对策（续）

肿大，表示地上部与地下的养分、水分流通不畅，因而结果早，但树体容易衰弱。对于衰弱的树，在嫁接部位上方靠接 M26 或 M9 与富士嫁接且嫁接口无肿大的苗木，使养分、水分流通顺畅，树势就会增强。

⑤产生巴结。在 M26 砧木等上嫁接时，在距离地面 30~40 厘米高的地方高接，栽植时嫁接部位露出地表越高，越容易产生巴结（气生瘤）（图 1-48）。巴结也和嫁接口肿大一样，妨碍养分、水分的流通，露出地面的砧木部分越靠下越细，嫁接的品种生长也越弱。因此，栽植苗木时，嫁接部位控制在露出地表 10 厘米高，就能减少巴结的产生。

当嫁接部位露出地表约 30 厘米高时，会导致树势

图 1-48　因嫁接部位高而发生的巴结

衰弱，所以要培土到嫁接部位只露出 10 厘米。埋在土里的巴结容易生根，有利于树势的恢复。

⑥结果过多。因为矮化树比用山定子砧木的树花芽多、容易结果早，所以无论如何都会造成结果过量，导致树势衰弱。保证每个品种适量结果（合理负载）是很重要的。

⑦老鼠、野兔的危害。矮化树所占比例大，易受动物危害。在秋季，要采取防治措施，轻耙树盘、撒上药剂，在主干上距离地表 50 厘米高处缠上防护器。

目前，还没有有针对性的野兔防治措施，但和防治老鼠一样，在主干上缠上防护器或涂抹市面上销售的驱避剂有一定效果。

⑧纹羽病。这也是矮化树面临的最大问题，但尚未确定有效的防治方法。现在的方法是降低病原菌的密度，利用抗纹羽病的新根。

对紫纹羽病，用代森锰锌 1000 倍液消毒；对白纹羽病，用甲基硫菌灵 1000 倍液或苯菌灵 1000 倍液消毒。

还要挖树盘，剪掉受害根系。如果是山定子砧木的盛果期树，每株用 300~500 升水洗根、灌根；如果是矮化砧木的盛果期树，每株树 50~100 升水。在水还未渗下去时，回填挖出的土。

对于抑制纹羽病原菌繁殖的材料，可以使用蟹壳有机肥料（8-8-8），如果是用山定子砧木，每株需要 10 千克左右的蟹壳；如果是矮化砧木，每株需要 5 千克左右的蟹壳，混入回填的土中。

对于促进生根的材料，可以使用煅烧过的珍珠岩，如果是用山定子砧木，每株需要 100 升；如果是矮化砧木，每株需要 50 升，一半撒在根系周围，一半与土混合回填，大多都能促进生根。

◎ 品种生根是坏事，也是好事

[常见的问题和误区] 矮化树是指品种下接矮化砧木或在矮化砧木下再接山定子基砧的苗木。

不接山定子基砧只接矮化砧木时，树势稳定得快，结果早，树形也紧凑。

但若嫁接在砧木上的品种生根，会因树势变得过强等原因而被大多数种植户厌烦；但树势弱时，品种生根也会收到意外的效果。

[原因] 因为品种生根后，树势变强，推迟结果，果实的品质也会下降，所以一般的管理是在早春查看果园，如果发现品种生根就立刻剪掉。但是，矮化树有各种因素导致其树势衰弱，所以对衰弱树要培土到嫁接口，促使嫁接的品种生根，增强树势。

也就是说，原本被视为坏事的品种生根，有时也会成为好事。

[对策] 在以生产优质果为目的的情况下，品种生出的根不一定是理想的根，所以对树势衰弱的树，重要的是先寻找衰弱的原因，再采取相应的对策。但是，恢复树势的应急措施是促进品种生根。

先促使品种生根，使树势变好；并在土壤瘠薄的地方施入堆肥，有病害的地方加强防治等，针对树势变弱的原因采取对策，一边观察树势的恢复情况，一边按照 2~3 年的计划，逐步剪掉品种生的根。

此时，如果一次性剪掉品种生的根，树势会再次变弱，所以要通过控制坐果量等，视情况管理（图 1-49）。

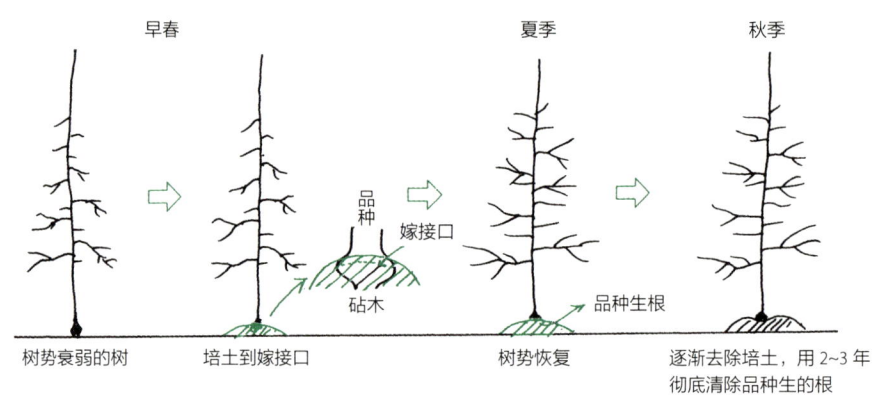

图 1-49　利用品种生根恢复树势

第 2 章

萌芽期、开花期、坐果期管理

1 开花与授粉

◎ 开花情况也是判断树势的好标准

[常见的问题和误区] 无论在日本哪个地区，4月末~5月上旬，苹果花都已盛开。每个品种的开花期每年都会有所差异，但都在10天左右。

一般来说，很多人都认为开花受到天气的影响，但忽略了开花所表现出来的有关树势的信号（图2-1）。

[原因] 开花早晚受气温影响是肯定的。早春开花的一般都是早芽，是从上一年的7月中旬左右开始形成花芽；晚芽要比早芽晚1个月甚至1.5个月才能形成花芽。

花芽形成的早晚与早春开花的早晚有关。越早形成的花芽，营养越好，坐果后也会发育良好。

因此，将花期的观察与之后的管理联系起来，才能生产出优质产品。

[对策] 健壮的树开花早。有研究报告指出，富士的花早开放1天，采收时的单果重就会增加约5克。

1株树中的直立枝、水平枝、下垂枝的开花早晚差异越大，上下部枝条上形成果实的大小差异就会越明显。如果想使上下部枝条上果实的大小一致，对开花晚的枝条要增强枝势，提早疏果。

图 2-1 开花情况也是判断树势的好标准

1个芽开出的花的数量，也反映了树势的好坏（图2-2）。只有2~4朵花的芽，是花芽分化时期较晚、发育差的芽，不能生产大果。在开5~7朵花的花芽中让中心花形成果实，是非常重要的。

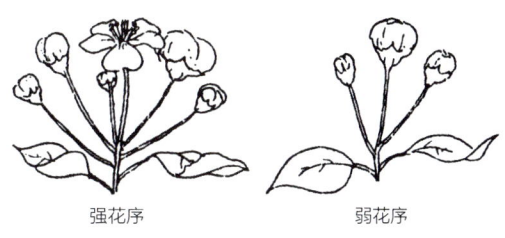

图2-2　花序的强弱与花朵数量的关系

无论1株树的开花量是多是少，都必须密切关注开花后的管理。花量多表示枝条充实。但如果上一年的枝条只有15~20厘米长，则是衰弱的信号，就必须施足肥，加强疏果。

如果新梢长30~40厘米、花量多，则是最理想的。但开花多，消耗营养也多，也会使树体衰弱。

特别是花多、开花期间雨水不足时，树势消耗很大。不要忘记浇水、疏花，加强树势的管理。

◎ 昆虫是朝三暮四的访花者

[常见的问题和误区] 苹果是异花授粉的果树。为了坐果，需要具有亲和性的其他品种的花粉传过来，在雌蕊柱头上授粉，最终形成果实。

花粉传播的主角是蜜蜂、壁蜂等野生蜂。有人人工饲养这些蜂并大量繁殖，就自以为授粉万无一失，殊不知意外情况很多。

[原因] 在阴天、雨天、强风、低温等恶劣的自然条件下，飞到苹果花上的蜂类数量就会减少；如果天气变化剧烈，它们几乎不采花粉。也就是说，不能进行授粉。

另外，如果苹果园附近有很多像蒲公英那样有丰富花蜜的花，蜜蜂会被这些花吸引（图2-3），而到苹果花上的蜜

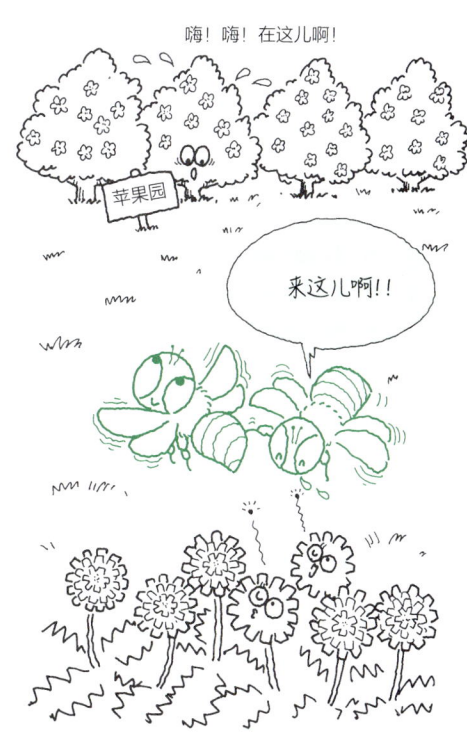

图2-3　昆虫是朝三暮四的访花者

蜂数量也会变少，授粉也会变差。

[对策] 如果异常天气持续1周以上，就只能靠人工授粉了。

即使是持续4~5天的异常天气，这期间蜂类也不会飞到苹果花上。天气恢复正常后再授粉，授粉时期也会推迟很多。

出现这种情况后，富士虽然不会出现产量不高的情况，但晚1天受精，秋季果实膨大就会减少4~5克，所以影响很大。

因此，要想生产个大优质的果实，就需要贮藏花粉，在天气异常时进行人工授粉。

另外，即使天气稍差，只要蜂类的数量多，也有可能保障产量和优良品质，因此必须在当地集中繁殖蜂类，提高其密度（图2-4）。

图2-4　蜜蜂、壁蜂的巢箱

◎ 专业种植户生产的偏斜果

[常见的问题和误区] 工作熟练的人，一般推进工作的方法快、也正确。因为人工授粉时短期内需要大量人工，所以也会雇用到很多工作不熟练的人。

但是，只针对授粉环节，外行管理的果园更好，生产的果实呈圆形、形状好、个头大；而由熟练工授粉的树，会意外地生产出较多的偏斜果或棱形果等（图2-5）。

[原因] 苹果的雌蕊只有1根，柱头却分为5根。为了使果实发育良好，果实内部的各个子房里都必须形成种子。

要想在每个子房里都形成种子，必须让5根分离的雌蕊柱头都粘上花粉并受精。但是，花一开，雌蕊柱头就会渐渐分开，如果不仔细进行授粉，5根柱

图2-5　专业种植户生产的偏斜果

头就不会完全粘上花粉，也就不能完全受精。

由于熟练工急于赶工，往往在5根柱头没有完全粘上花粉时就完成了授粉，因此生产出偏斜果的例子很多（图2-6）。

[对策] 在开花前，柱头没有分离，而是集中在一起，所以最好在开花后立即授粉。若在雌蕊分离后立即授粉，就必须仔细观察雌蕊，确保其5根柱头都能粘上花粉。

总而言之，重要的是不要只关注速度，要坚持认真踏实的工作态度。

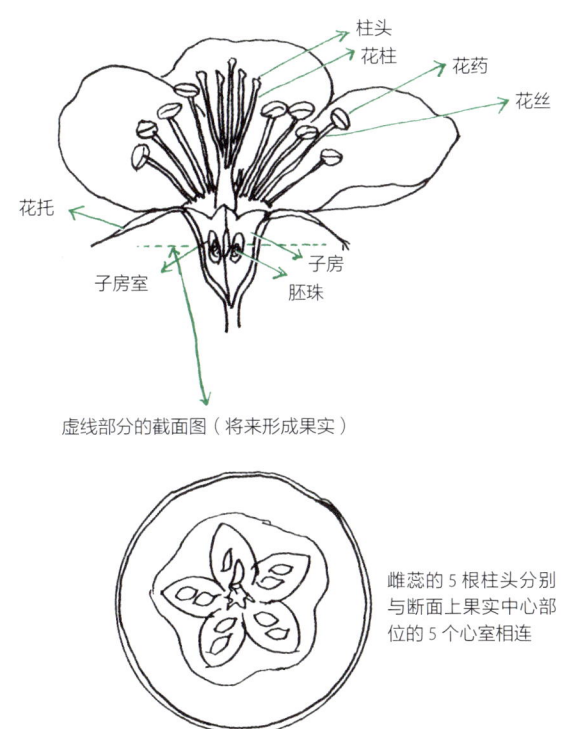

图2-6　5根柱头不能同时附着花粉就会形成偏斜果

◎ 花粉贮藏时温度重要吗

[常见的问题和误区] 开花期间，如果天气持续异常，为了保证产量，人工授粉是必不可少的工作。平时借助蜂类等访花昆虫的力量就可以了，但是为了预防紧急情况出现，还是要贮藏花粉。

花粉的贮藏，自古就有。很多人认为贮藏温度非常重要，但如果要贮藏1年，比起温度，湿度的管理更重要，调节不好多数会降低花粉的萌发率（图2-7）。

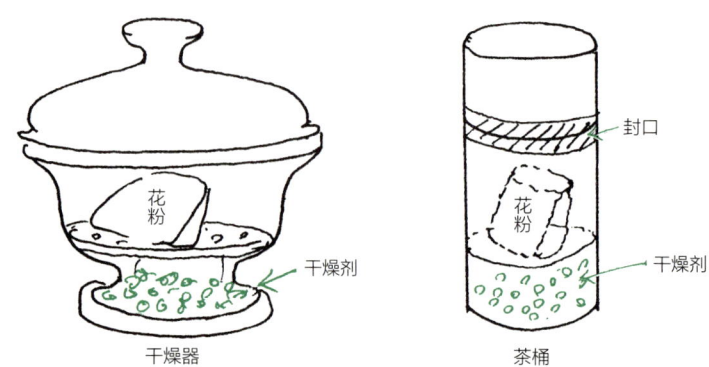

在这些容器中放入花粉和干燥剂,放入冰箱贮藏

图 2-7 贮藏花粉的容器

[原因]据说使用氮气,在 –20℃贮藏,花粉可以保存数年。因此,对于花粉贮藏来说,温度往往是延长贮藏时间的最好条件,但如果没有 30℃以上的高温,80% 左右的高湿环境反而会使花粉的萌发能力迅速降低。

在 20℃左右的室温下,把湿度控制在 70%~80%,一般 1 周之内花粉就会死亡。湿度过低,即使开药容易,花粉萌发情况也不理想。在 80% 的高湿环境下,开药也很容易,但散发出来的花粉的萌发率也会迅速下降(图 2-8)。

[对策]

①贮藏花粉时,使用萌发率高的花粉很重要。

②为了产生萌发率高的花粉,花朵要在温度为 25℃、湿度为 60%~70% 的条件下开药。

③贮藏时用干燥器、茶叶罐等能够密封的容器就可以了。

④在容器中,放入用牛皮纸袋包装的花粉,同时放入与花粉等量的硅胶等干燥剂,可以放在家用冰箱里贮藏。

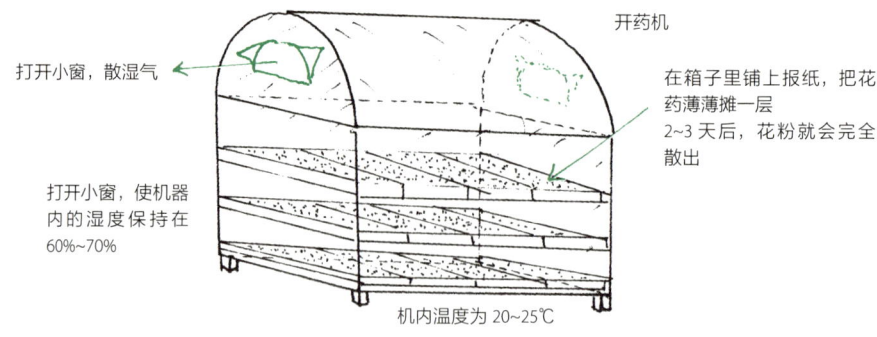

图 2-8 花粉开药的方法

⑤如果容器内的湿度低，即使在外界气温为 10 ℃的条件下贮藏 1 年，萌发率也较高。

⑥调查发现，室温下，将花粉和干燥剂放入干燥器，7 年后还有能萌发的花粉。

2 疏花疏果

◎ 因为蜂类授粉，坐果率过高

[常见的问题和误区] 蜂类的密度高、开花时的天气好，坐果率就高，1 个花序能坐 4~5 个果。

在全年的管理中，最耗费劳动力的就是疏果了。结果过多，疏果花费的时间就多，不仅果实品质差，还会影响第 2 年的花芽形成，这是生产上最大的问题。

[原因] 蜂类为了繁育后代，在花间飞行穿梭，采集花粉和花蜜。

苹果种植户需要的是容易生产优质果的中心花坐果，但蜂类对这些毫不在意，常会飞到侧花和新梢的花上，让它们坐果。

因为 1000 米^2 就要花费 40~50 小时疏果，所以必须考虑疏果的最佳顺序。

[对策] 在蜂类采花前，减少花的数量是很重要的。

但疏花也很费事，为了尽量节省劳动力，最好在花蕾期疏除（图 2-9）。

集中疏掉不需要坐果的新梢上的花和弱树上只有 2~4 朵花的花序（图 2-10、图 2-11）。

图 2-9　疏蕾适期

只有 2~4 朵花的花序要全部摘掉

图 2-10　要疏掉的花

如果劳动力充裕、没有霜害危险时，对有 5~6 朵花的花序、花量充足的健壮花芽，也可以只留 1 朵中心花，疏除侧花（图 2-12），但这样做比在花蕾期疏除费力。

还有一种方法是在劳动力允许的范围内，只在想要坐果的花序上留 1 朵中心花。

如果做不到疏花，可以在大量的花坐果后使用西维因 1200 倍液疏果。

图 2-11　疏花操作

图 2-12　只留 1 朵中心花的疏除侧花的方法

◎ 疏花不只是单纯地调节营养

[常见的问题和误区] 对于早疏花的看法，有的人认为反正花要落，只是把它们提前疏掉而已；还有的人认为，在还没有坐果前就疏花，可能无法保证坐果量。

但实际上，只要不是极端恶劣的天气，即使疏花，也能保证有足量的果实，甚至还有更多的好处。

[原因] 疏花越早，树体内的贮藏养分消耗得越少，对坐果、幼果的发育、枝条的生长和第 2 年的花芽形成都有很大的帮助。

授粉后雌蕊受精形成种子，种子中会产生促进果实发育的植物激素赤霉素。

据说赤霉素产生得越多，第 2 年的花芽形成就会越差。因为疏花减少了受精的花的数量，所以种子的数量也减少了，赤霉素形成的量也减少了，花芽形成得以顺利进行（图 2-13）。

另外，坐果后疏果也不会抽生新梢，而疏花后果台上容易抽生新梢。枝条的抽生就代表叶片数量增加。所以，疏花也是增加叶片数量的管理。

[对策] 疏花比疏蕾好操作。新梢的花序、花数少的花序，要全部疏除。

在放养采花昆虫的果园，有可能导致坐果过量，所以在不用担心霜害的果园，只留

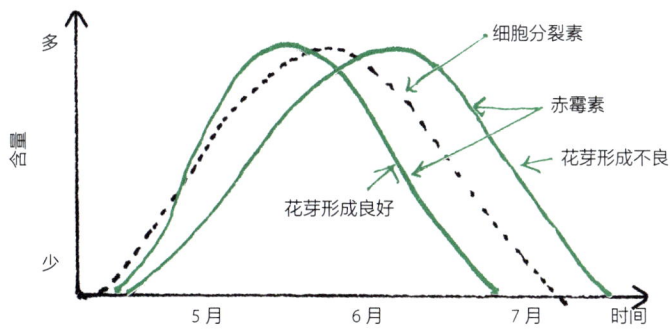

图 2-13　通过疏花促进花芽形成

1朵中心花。在担心霜害的地方，若只留1朵中心花，霜冻来临时极有可能绝产，所以想要坐果的花序不疏，每2~3个花序留1个花序，疏掉不要的花序上所有的花就可以了。

前面说过，疏花后枝条的抽生可以增加叶片数量，而这些花序上大多抽生长度为10~30厘米的新梢，也被称为果台枝，将来也不会形成太大的枝条，结果也早，所以是充实的枝条，利用价值极高。修剪时，首先将它们视为结果部位（图2-14、图2-15）。

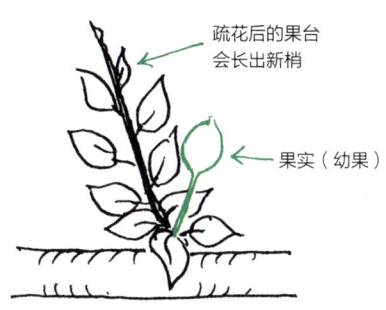

图 2-14　果台枝的发生

图 2-15　果台枝是充实的枝条

◎ 一次又一次疏果是在浪费劳动力

[常见的问题和误区] 一般大果品种在落花后10~15天、中小果品种在落花后25天结束疏果。

技术手册上一般是这样写的：先完成1次疏果，再完成1次疏果，再回头检查果园，摘掉发育差的果实、有伤的果实，若果实过多，再次疏果（图2-16）。

但是，因为劳动力缺乏的情况一年比一年严重，在同一株树上一次又一次，连续3次带着折梯疏果的工作变得不切实际。

图 2-16 一次又一次疏果是对劳动力的浪费（因为达不到应有的效果）

[原因] 疏果工作是春季至秋季的苹果管理工作中最耗费劳动力的。几乎所有的种植户都需要雇人进行疏果工作，但这是一项需要熟练掌握的技术，熟练工并不那么多。

为了减少雇用熟练工的数量，我认为应该指导普及这样一个体系：在一个花序中留下一个发育最好的、没有伤的果实，让不熟练的工人先进行一次这样的疏果，熟练工再进一步疏果。

[对策] 当然，还可以把技术教给不熟练的工人，让他们成为熟练工，从一开始就根据坐果目标疏果（图2-17）。

这项技术很难掌握，但即使不能完全掌握，也不要1个顶芽留1个果。目标坐果量是3个顶芽留1个果时，采取2个顶芽留1个果的方法；目标坐果量是4个顶芽留1个果时，也采取2个顶芽留1个果的方法。应该在逐步提高工作效率上下功夫。

即使经过熟练工一次次疏果，也得在落花后15天才能

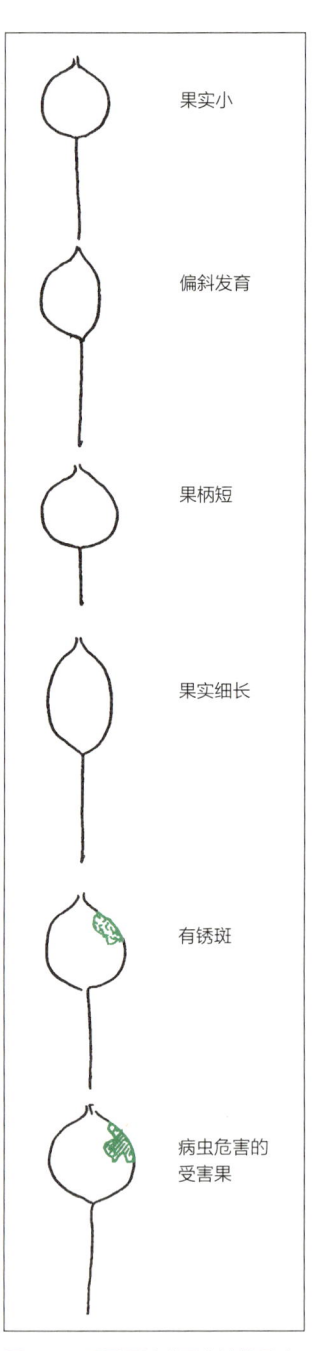

图 2-17 需要通过疏果去掉的果实

大致判断出果实的好坏，所以应该从一开始就定果，尽量避免不必要的劳动力浪费。

◎ 用药剂疏果时，药量比浓度更重要

[常见的问题和误区] 坐果好的年份，疏果很辛苦。特别是利用采花昆虫提高坐果率时，开花期间遇上好天气，就会导致坐果过量。

也有不进行疏花等的种植户，因为坐果过量而疏果结束晚，导致下一年花量不足的情况。

对于这种情况，有人用西维因疏果作为应对措施，也有很多缺少经验的人会因为担心疏掉太多而减少药量。

还有很多人认为低浓度药剂的效果差，想把喷药浓度从 1200 倍液提高到 1000 倍液或 800 倍液以提高疏果效果，但是效果并不理想。

[原因] 防治病虫害的药剂等，一般通过提高浓度提高效果。但是，对于用药效果较差的富士、国光等品种来说，即使将西维因的喷布浓度从 1200 倍液增加到 600 倍液，效果也只能增加 10%（其他品种即使不增加浓度效果也很好）。为了提高效果，比起增加浓度，喷布充足的药量更有效，喷至使喷布的药液从果实和叶片上滴落下来的效果更好（图 2-18）。

[对策] 西维因的疏果效果，在考虑以下条件时会有所提高（图 2-19）。

①像元帅系、津轻、世界一号、红玉等生理落果多的品种不用。
② 1 个花序坐果量多。
③中心果和侧果发育差异大。
④喷布时或喷布后气温高。
⑤树龄小。
⑥树势衰弱。
⑦内堂枝或北侧的枝条等接受的光照差。

图 2-18 用药剂疏果时，药量比浓度更重要

如上所述，提高效果的因素有很多，但在品种、树龄、树势、天气等条件相同的情况下，喷布量的多少是影响效果的决定性因素。对容易表现出效果的品种，即使喷布量少，也有效果。但对像富士这样的品种，要想提高效果，不用担心疏果过量，每 1000 米^2 要充分喷布 400 升。

◎ 疏掉全部受霜害的果实会破坏树势

[常见的问题和误区] 早春的霜害因地区、场所、品种等有所差异，但每年都或多或少会发生。虽然芽、花蕾、花的受损温度有所不同，但受损严重时就会落花，即使坐果了，果面也会出现锈斑，或形成偏斜果等，使很多果实都卖不出去。形成的果实全部受害后，农户就会丧失种植的希望，甚至也有不少人把这些果实全部疏掉。

的确，霜害会对当年的生产带来很大的影响，但考虑到第 2 年的花芽形成，全部疏掉是完全错误的。

[原因] 树体既要保持枝条、根、果实的营养生长与着生花芽的生殖生长的平衡，又要保证持续地生产果实。

但是，营养生长和生殖生长具有相反的生长作用。如果营养生长过强，生殖生长就弱；如果生殖生长过强，就会抑制营养生长。

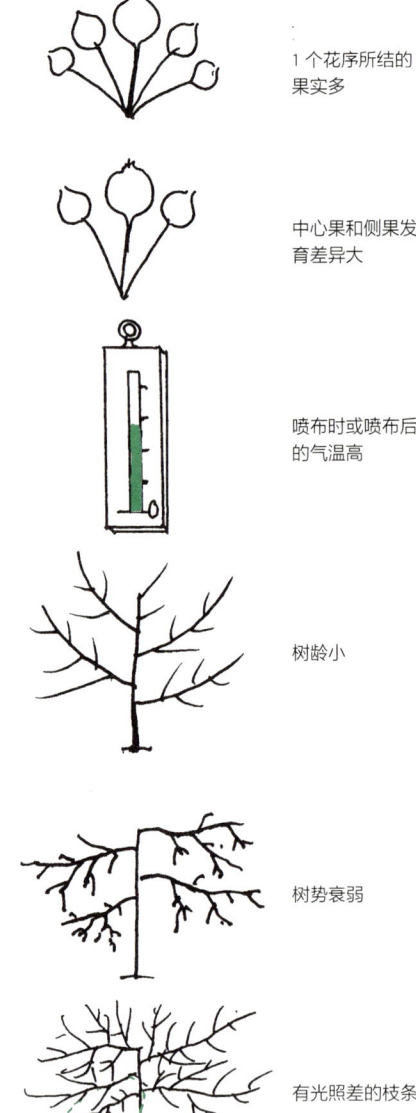

图 2-19 提高西维因疏果效果的条件

如果因霜害受损的果实多而疏果量过大，促进果实膨大的养分就会流向枝条，促使枝条生长，树就完全转为营养生长，从而给第 2 年的花芽形成带来不利影响（图 2-20）。

因此，即使全是无法形成商品的果实，为了保持树体的生长平衡，也必须留下与叶

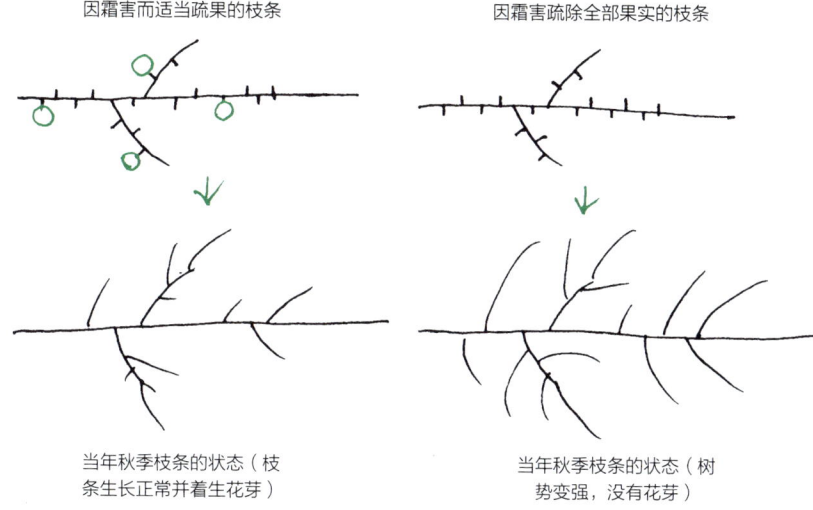

图 2-20 不同程度疏果后的枝条状态

片数量相匹配的果实。

[对策] 遭受霜害时，多数情况下，受害的不仅是花，还有叶片。如果叶片几乎没有损害，对于以 3 个顶芽留 1 个果为目标的品种，按照目标疏果即可。如果有 2~3 片果台叶受害，至多减少 10% 的坐果量就足够了。

另外，如果果台叶全部受害、新梢叶片出现卷曲时，根据损害状况减少 30%~50% 的坐果量就可以了。

然而，若霜害发生在枝条还没有生长或生长很少的时期，即使受害，其后枝条也可以再次抽生出来，也就是说叶片长得多。此时疏掉的果实过多，就会破坏树势，所以还是多少控制一下疏果数量比较好。

3 落果与套袋

◎ 套袋越早，落果越多

[常见的问题和误区] 套袋可以减少病虫害的危害，形成锈斑少、果面光滑的果

实,并且果实着色好。通常在落果后早早套上遮光性强的果袋。其中,对陆奥和世界一号等高质量品种套袋的人多,根据树体和园地的不同,通常套袋的落果率也会下降30%~40%。

[原因] 苹果通过受精产生种子,由种子产生植物激素促进幼果膨大,果径达到1~2厘米时遭遇高温、日照严重不足时,种子发育停止,造成落果的情况很多。

多在果径达到1~1.5厘米时套袋,即套上遮光性强的果袋。套袋越早,秋季着色越好,果面越光滑。但果袋套得早,对于果实来说日照不足,气温高而袋内温度升高,异常落果现象增多(图2-21、图2-22)。

[对策] 根据品种、树龄、树势等的不同,早期落果的情况也有很大差异。元帅系、红玉、津轻、世界一号等,是早期落果严重的品种,只要稍微遇到高温、光照不足,落果就会增多。

防止落果首要的是尽量稳定树势,高接的枝条也一样,树势越强,落果就越多。所以要通过修剪、引缚、造伤等,尽快稳定枝条长势,这样做后,即使套上果袋,落果也会减少(图2-23)。

树势强、容易落果的树,如果套上遮光性高的果袋,会加重落果。因此,对这样的树,即使锈果多、着色差,也要等到果实直径大于2厘米时,即早期落果临界期过后再套袋。

另外,也有在1年内没有立刻调整好树势强弱的,这种则要注意追肥。对落果多的树需要不施肥料或减施肥料。

在排水不良的果园,尤其有落果增多倾向的果园,最好修缮排水设施。

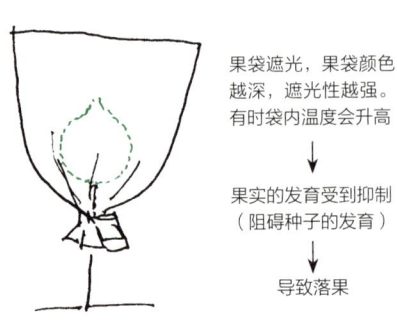

图2-21 套袋产生的问题

图2-22 套袋时使用遮光性强的袋子

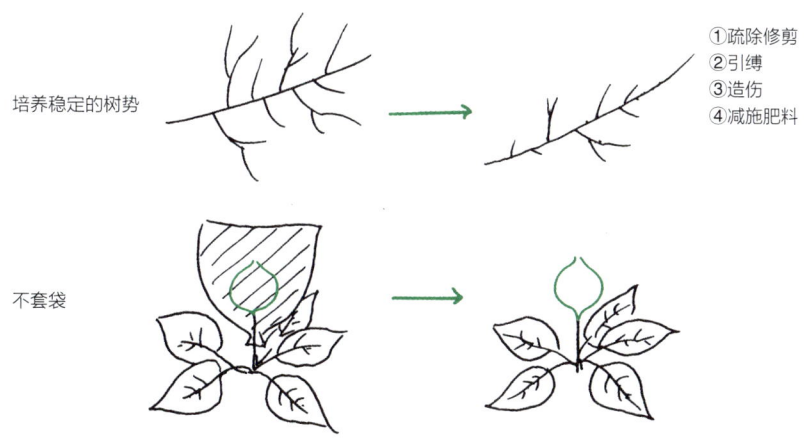

图 2-23　防止落果的对策

◎ 防菌袋并不永远防菌

[常见的问题和误区] 为了防止果实病害，在果袋子上加上农药，使用单层、双层、三层的防菌袋的情况已有很多年。

果袋制造商等每年都在反复研究如何提高防菌效果。虽然种类不同，发病情况也有差异，但在多雨的年份，在用果袋防止果实斑点落叶病、煤污病的同时，除袋后大多会感染黑星病、疫病等。

例如，1989年生产的苹果，大概是在当年8月底~9月降雨量大的缘故，日本各地的苹果都受到了缩果病、煤污病的危害。

[原因] 一般来说，单层袋就是一层浸泡药物的纸袋；而在双层袋、三层袋中会放入浸泡过农药的石蜡纸，保护套袋的果实。

但是，果袋里的农药一般会受气温或降雨影响而挥发、流出，效果逐渐下降。特别是遇到高温多雨天气时，药效会很快消失（图2-24）。

侵染果实的主要病害有黑星病、煤污病、斑点落叶病、疫病等，附着在果袋表面的病原菌，会穿透失效的果袋危害果实。其中，到了8月下旬，农药喷布已经结束，袋中的果实也膨大至与袋子紧密接触，防菌效果下降的防菌袋就会成为问题。

[对策] 在果实上产生病斑的病害，大多在降水量大、20℃左右时繁殖，正好是在8月下旬前后的最后一次农药喷布后。若此时处于低温多雨的情况，农户会毫无防备，所以要特别注意（图2-25）。

图 2-24 防菌袋并不永远防菌

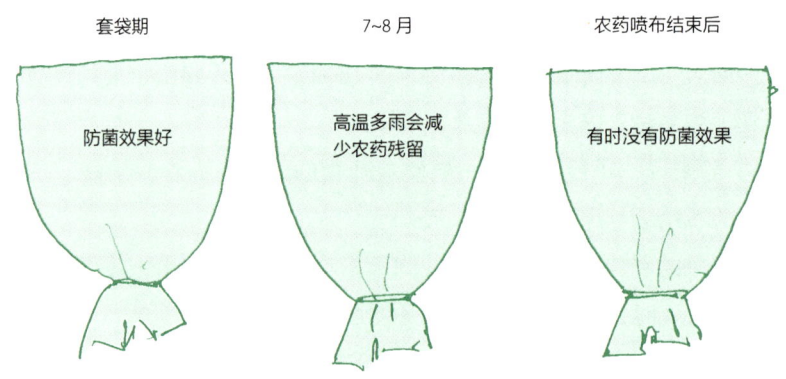

图 2-25 不同时期果袋的防菌效果

在果实膨大至撑紧袋体且最后一次农药喷布后，如果遭遇了大雨，就必须选择晴天补喷对斑点落叶病、煤污病等有效果的有机铜、有机铜克菌丹、丙森锌、双胍辛胺乙酸盐、乙磷铝等农药，以确保安全。

第 3 章

果实膨大成熟（花芽分化）期管理

1 调整树势

◎ 夏季是矮化树新梢引缚的最佳时期

[常见的问题和误区] 矮化栽培存在的问题是侧枝过强、长得过长，对其他侧枝造成不良影响，扰乱树形，侧枝基部不抽生枝条，形成光秃枝。

为了抑制枝条的强旺生长，促进基部抽生枝条，引缚是极其重要的，但大多人是在4~5月引缚，或像2~3年生枝那样在侧枝长大后引缚。不过，从引缚的基本作用来说，最好在夏季引缚新梢。

[原因] 在早春引缚直立侧枝后，因为该枝条原本就有直立性，若将枝条勉强拉下，背上的芽就会萌发，抽生的大多也是直立枝，无法作为结果枝利用。

但是，夏季引缚新梢后，即使在早春是直立的新梢，也能形成性状比较稳定的枝条，容易发育成着生大量花芽的侧枝。

[对策] 从主干抽生的直立新梢也有2种。与主干呈锐角的直立新梢，修剪时要剪掉。与主干夹角大的、30~40厘米长的直立新梢，在生长停止的8~9月，用W形开角器或绳子等引缚到水平线或水平线以下（图3-1~图3-3）。

侧枝难以抽生新梢的津轻、千秋、北斗等品种，应引缚到水平线以下（图3-4）。

如果在夏季引缚，引缚后10~15天，即使解开开角器或绳子，枝条也不会再次

图 3-1 用 8 号铁丝制作的 W 形开角器引缚新梢

图 3-2 8 月的新梢引缚

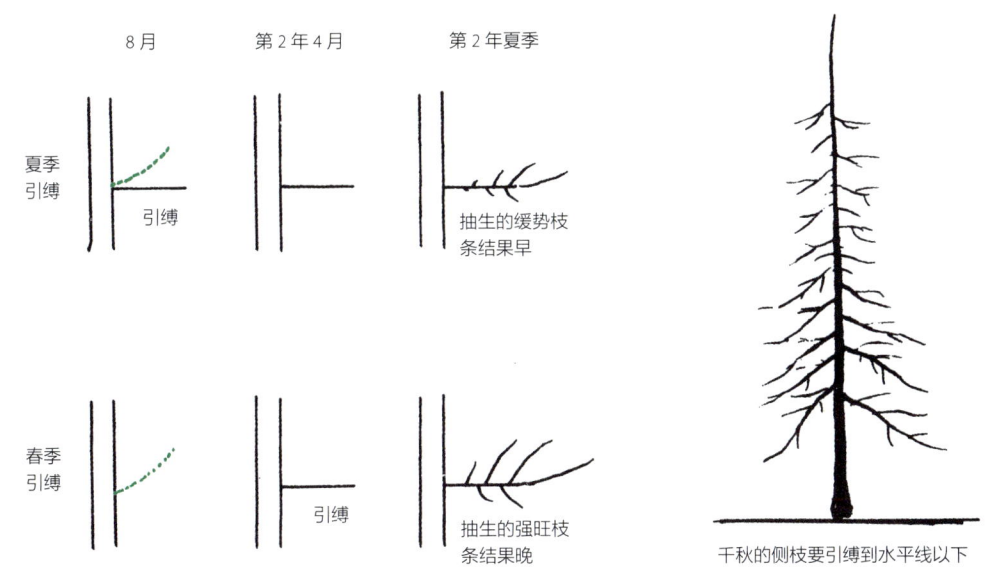

图 3-3　夏季是引缚的最佳时期

图 3-4　侧枝要引缚到水平线以下

直立起来,所以应及早解开,还可以将开角器用在别的枝条上。

◎ 夏季修剪的时期不同,效果也不一样

[常见的问题和误区] 树势过强,枝条繁多,透射到树冠内部的光照变差,果实品质下降,第 2 年花芽质量变差。

对此,应对措施是进行夏季修剪。但是,夏季修剪的时期不同,树体产生的生理反应也会不同,在没有充分了解树的生理反应时就实施夏季修剪,结果情况会和目标完全不同。

[原因] 为了让树长大,最好不要剪掉枝条。越修剪,树越矮化。在叶片活动最旺盛的盛夏时节修剪,叶片变少,对树体生长发育的抑制最大(图 3-5)。

但是在新梢生长时期修剪,也就是剪掉了枝条顶端的生长点,这和休眠期修剪中的短截效果一样,会刺激腋芽发育成枝条。

[对策] 枝条数量不足需要增加且抽生的枝条不能过长时,在 5 月底 ~6 月底进行夏季修剪,即在枝条生长最旺盛时修剪是最有效的。此时,通过修剪枝条,剪掉了叶片,也有使树体矮化的效果。

作为增加枝条数量的剪法,对于生长过旺、将来也不能用作侧枝的枝条,留 2~3 个芽后剪掉。

生长中的新梢，长达 20 厘米左右时，剪掉顶端 2~3 厘米，以此增加枝条数量。通过对生长中的枝条摘心，将枝条变成 2~3 根。并且，比起原有枝条，新抽生枝条的生长对枝条的加长生长抑制性更强（图 3-6）。

即使是同样的夏季修剪，在枝条停长的 7 月底~8 月进行，能够抑制过强的树势，达到矮化的目的；对于枝条过于繁密、导致树冠内部光照变差的树，此时可以通过疏除枝条引入光照。

不管怎样，随着叶片的脱落，树体整体的营养制造能力就会降低。而营养制造能力下降，会使地下部根系的生长受到抑制，养分、水分的吸收能力下降。

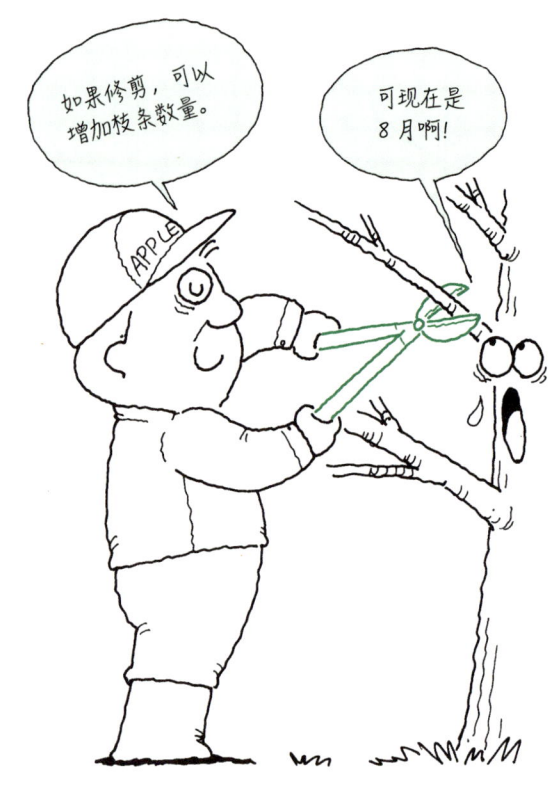

图 3-5　夏季修剪的时期不同，效果也不一样

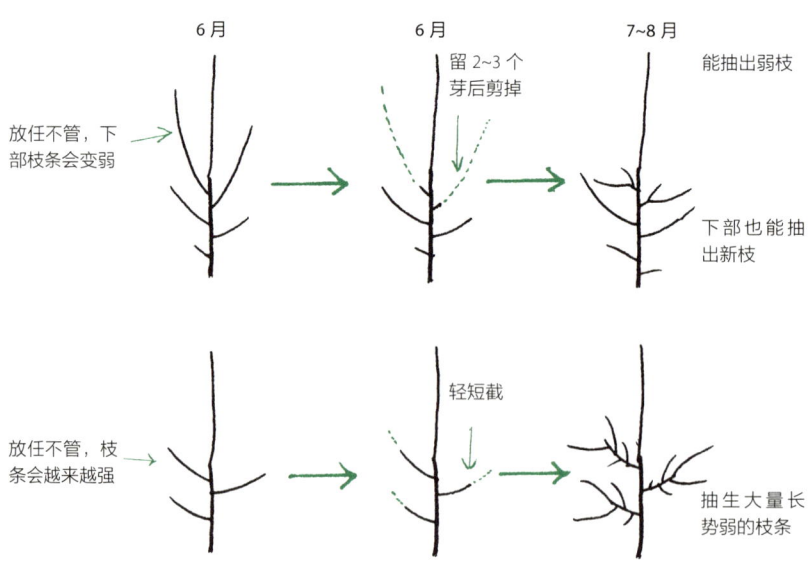

图 3-6　通过 6 月的修剪增加枝条数量

第 3 章 果实膨大成熟（花芽分化）期管理

◎ 造伤方法不同，效果也不一样

[常见的问题和误区] 为了抑制树势过强的树的生长发育，经常进行造伤，其方法有很多种。方法不同，产生的效果也不一样，但处理后导致树势衰弱的例子也有不少。

[原因] 对于树体的生长发育，不同造伤方法的影响程度由小到大列举如下（图 3-7）。

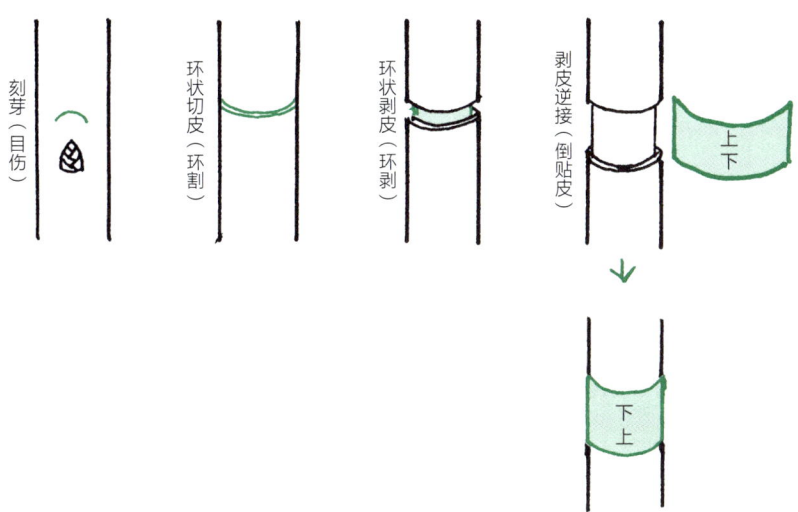

图 3-7　造伤的方法

①刻芽（目伤）是用小刀在芽上方的韧皮部横向割伤的方法（图 3-8），主要是在促进枝条抽生时使用。枝条顶端生长点产生的生长素向枝条下方运输，可以防止芽长成枝条，但横向划伤皮层，生长素对芽的抑制作用消失，就容易抽生枝条。

②环状切皮（环割），主要是用锯或小刀在树势过强的主干上割伤 1 圈或 2 圈皮层的方法。用于防止叶片制造的营养通过树皮向下运输到根部，是抑制树体生长发育的方法。

③环状剥皮（环剥），对树体生理作用的机理与环状切皮相同，剥取 4~5 毫米宽的树皮，所以抑制生长效果

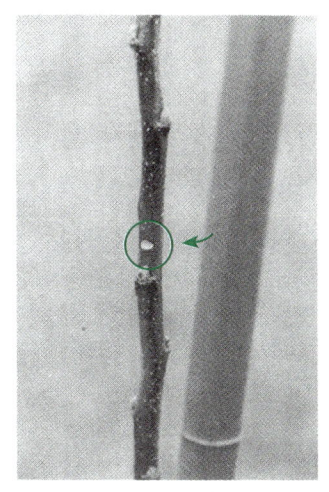

图 3-8　在抽生枝条的芽的上方造伤（刻芽）

053

④剥皮逆接（倒贴皮），对树体生长抑制性最强。这种方法是剥掉 4~5 厘米宽的树皮，将皮上下颠倒，再按照原有的状态镶嵌回去。

因为这些处理对树势的调节力度有差异，所以树势越糟糕的，或者对树势影响越强的处理方式，处理时期就不能过晚，否则会导致树体衰弱。

[对策] 比起抑制树势，刻芽的重要作用是使没有枝条的部位抽生枝条，在休眠期或到新梢抽生的 6 月前后，都可以广泛实施。新梢已经长到 70~80 厘米且树势强时，最好进行环状剥皮或剥皮逆接；如果长到 50~60 厘米，最好进行环状切皮。

处理时期的大致标准是：环状切皮在新梢长 15~20 厘米时进行，环状剥皮在新梢长 30 厘米时进行，剥皮逆接在新梢长 40 厘米时进行。另外，为了防止矮化树急速衰弱，可以利用环状切皮。

◎ 叶片大不一定代表树势好

[常见的问题和误区] 夏季，叶片呈深绿色且生长繁密，新梢长得长，抽生的枝条数量也多。此时叶片很绿，而且很大。因为形成的果实也大，所以感觉树势极好。但作为必须生产红色果实的苹果树，这并不一定代表树势好。

[原因] 夏季，深绿色、薄而大的叶片，含有合成碳水化合物的叶绿素的栅栏组织层薄，叶片越大，功能越差。有这样叶片的树，会容易出现氮吸收过量，到了采收期会发现果实充分膨大，但着色不良、风味变差，生产的都是贮藏病害发生多的贮藏性差的果实。

据说，叶厚、横径大的叶片，制造营养的能力强；叶薄、纵径大的叶片，光合作用弱。这是因为一般叶片横向扩展生长需要利用叶片光合作用合成的碳水化合物；纵向生长则利用从根部吸收的氮。

叶色也能体现树势的好坏。为了着生大量的好花芽，生产个大、着色好的果实，比起深绿、薄、大的叶片，绿色稍浅、厚、中等大小的叶片较好（图 3-9）。

[对策] 为了形成这种功能好的叶片，就不要进行强修剪，要根据树势通过调节施肥来完成。

如果上一年的新梢已经长到 50~60 厘米，春肥的施氮量就要控制在 5~6 千克/1000 米^2；如果还长，不施肥也可以。

6 月追肥的果园，若树势强，最好加以控制。另外，树势强的树，仅靠减少施肥量来调节是很难的，最好再实施环状切皮、环状剥皮等造伤处理。

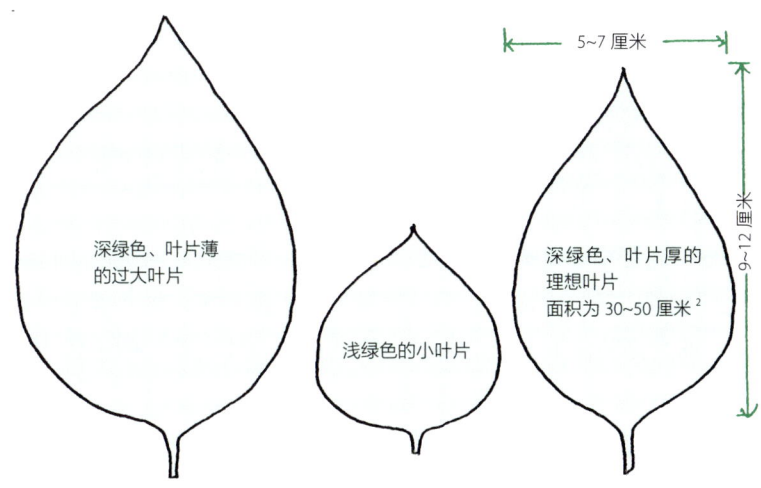

图3-9 什么样的叶片是理想叶片

◎ 夏季的新梢是判断树势的主要依据

[常见的问题和误区] 前面说过，叶片大与树势好没有关系。新梢抽生多、长得长，并能持续生长，乍一看是叶片多、旺盛的树势，很容易让人觉得树很有潜力，但对于必须生产红色果实的苹果来说，这不是好树势。

[原因] 为了下一年的收益，苹果花芽分化是从新梢停长开始的。

由于新梢顶端的嫩芽会产生大量的抑制花芽形成的赤霉素（图3-10），所以希望在7月中旬开始的花芽分化期之前，大多数新梢就停止生长，叶片老化。

另外，新梢抽生得多，会导致透射到树冠内部的光照变差，难以生产优质果品，也会成为夏季病虫害高发的场所。

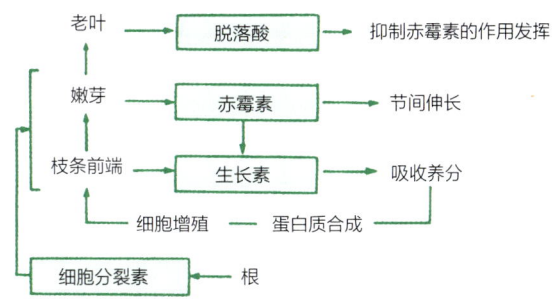

图3-10 影响新梢生长的内源植物激素及其相互关系（根据Luckwill的图片做部分更改，熊代，1977年）

树势强的树上暂时停止生长的新梢，也有很多会出现再次生长（二次生长）。

树势最好的是 10%~20% 的新梢进行二次生长，若 30%~40% 甚至更多的新梢都进行二次生长，可以说树势就太强了（图 3-11）。

[对策] 树势的强弱，在新梢开始生长后 2~3 周就可以根据长势来判断，所以 6 月的追肥量要彻底减下来。

但是，通过减少施肥很难迅速抑制树势。所以，在叶片大、与基准相比新梢生长过长时，最好采取环状剥皮等技术措施。而且这种树多发病虫害，果实着色变差，所以从 7 月中下旬开始，通过修剪留下可用的新梢，特别是整理徒长枝，便于药液喷到树冠内部、光照入树冠内部。

树势过强的树，仅靠夏季管理很难调节到位，所以根据秋季果实的生产情况，如果不考虑着色，可以通过修剪增加第 2 年的枝量来控制树势。若还要以培育稳定的树势为目标，应将施肥量减少 30%~50%。

树势过强的树，容易出现在土壤肥沃、水分充足的果园。因此，越是种植在肥沃土壤中的果树，越要减少肥料施入，重要的是保持树势稳定。

同样，种植在排水不良的土壤中的果树枝条细软、叶片薄、大，要保持适当的树势，就要改善排水、减少肥料施入。

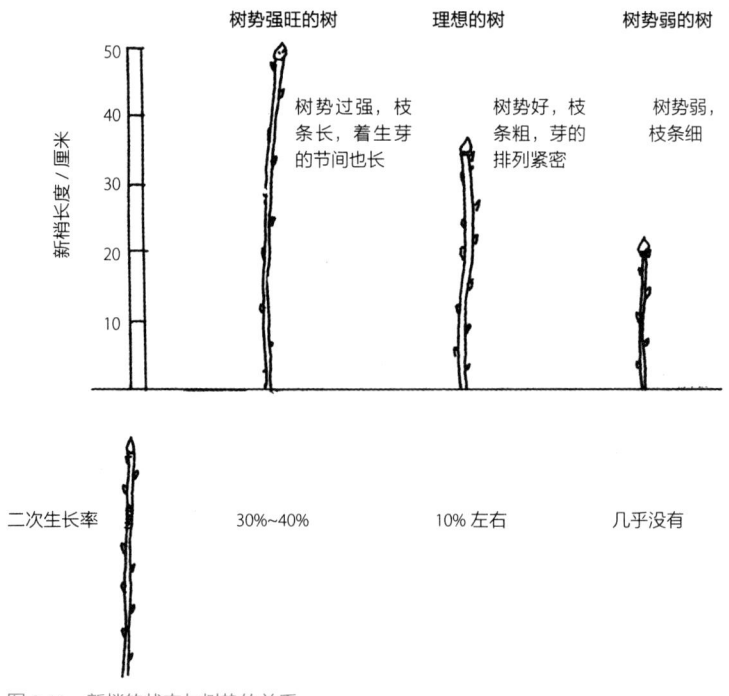

图 3-11　新梢的状态与树势的关系

2 着色

◎ 根据经验确定津轻的脱袋时期是个错误

[常见的问题和误区] 8~9月采收的早熟苹果，由于大多遭遇高温天气，所以要在果实着色方面多下功夫。

虽然也有在高温条件下容易着色的苹果品种，但早熟的津轻在不同年份着色都差。特别是套袋栽培的津轻，若贻误了脱袋时间，很多果实不着色就成熟了。

因为上一年这样做的效果很好，所以今年也按照上一年的时期脱袋就可以了，这样做而导致失败的案例很多（图3-12）。

[原因] 时刻关注树上果实的着色情况，就会发现某一天果实突然着色。

使苹果果实呈红色的色素被称为花青素，它的产生要求必须在果实中积累糖，有良好的光照，以及花青素生成的适宜温度。但夏季夜晚温度对着色影响很大，17~18℃甚至更低的温度会促进着色。

[对策] 阴天脱袋，脱袋后高于20℃的夜温持续数天，即使出现适宜温度也不着色，这是通过底色判断成熟度的津轻的特性。

有条件的种植户最好收听每周天气预报，如果最低温度下降到适宜温度就可以脱袋，如果没有下降到适宜温度，就等下降到适宜温度再脱袋就可以了。

图 3-12　根据经验确定脱袋时期是个错误

如果是在夜温不下降的地区，傍晚时对果实多喷几次冷水以降低果实温度也是一种方法，但更新成像珊夏这样易着色的品种才是最好的办法。

津轻在脱袋前，先去掉果实基部的4~5片叶，然后再脱袋，两者结合共同促进果实着色也是很重要的。

◎ 摘叶过量不利于着色

[常见的问题和误区]到了秋季气温下降后，多数苹果品种接受太阳充分照射就会着色，但也有"只要有光照，着色就会好"的错误想法。

一般来说，矮化苹果比山定子砧木苹果的受光状态要好，着色也好，但也有不少栽培失败的种植户，无论光照如何，着色都不好。

[原因]利于着色的条件包括：能合成大量的着色色素、充分接受光照、出现促进着色的适温、土壤水分少、抑制氮的吸收等，除此之外，果实中糖的积累也是必要的（图3-13）。

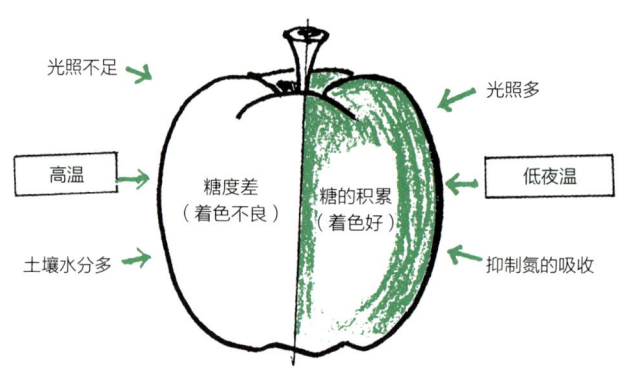

图3-13 苹果着色的条件

叶片接受光照合成淀粉，再由淀粉转化成糖。因此，过早地摘掉叶片，会导致淀粉的合成量减少，输送到果实中的淀粉量也少，所以花青素（红色色素）的合成受到抑制（图3-14）。

[对策]据说在日本青森县的气候条件下，直到10月下旬，叶片的光合作用都很活跃，能将产生的淀粉从叶片输送到其他部位（图3-15）。

根据经验，如果夏季叶片被螨等侵害后，秋季无论光照如何，果实也不会着色。

摘叶时间因品种而异，早熟品种采前15~20天、中熟品种采前25~30天、晚熟品

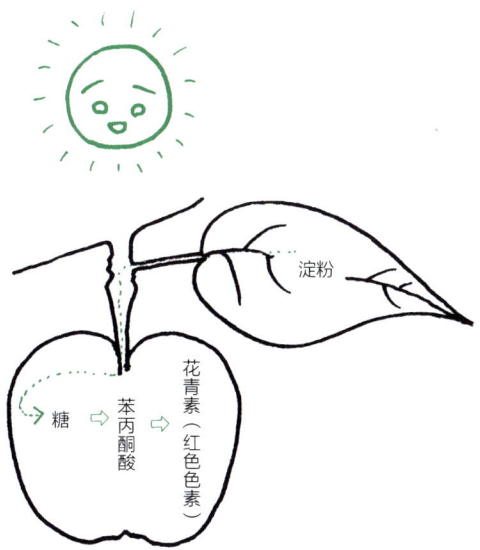

图 3-14 着色需要通过叶片合成淀粉

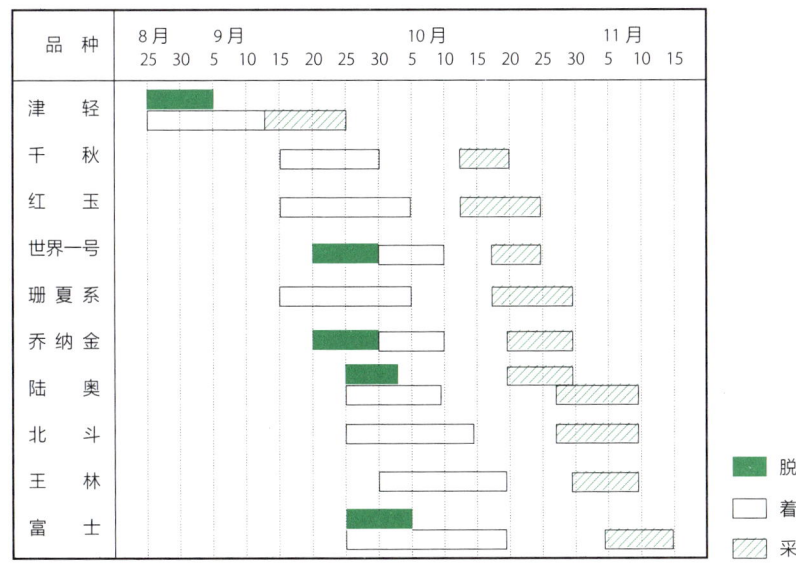

图 3-15 不同品种着色情况及采收期（日本青森县苹果指导要点，1989 年）

种采前 35~40 天，摘下果实基部少许叶片，自此后 1~2 周摘叶数量增加。

像陆奥这种套袋栽培着色难的品种，需要比其他品种多摘一些叶片。无袋栽培的陆奥、王林等，对光照差的部位所结的果实，其基部叶片要少摘点。

其他品种，除摘除 1 天中长时间为果实遮阴的叶片外，尽量多保留叶片，以延长叶片对果实的养分供给时间，这与提高着色、增强风味有关。

◎ 生产青苹果也需要光照

[常见的问题和误区] 苹果以红色为代表色，为了给苹果上色，人们采取了各种各样的管理措施。现在，也有像王林等品种那样的黄色苹果不需要着红色，这种既省工又美味的苹果品种的种植面积也在增加。

很多黄色苹果和绿色苹果的口感差，不受消费者青睐。另外，在采后贮藏过程中有时也会出现苦味，次品果也多。但意外的是，专门生产青苹果（绿色苹果）的果园也有很多。

[原因] 苹果的绿色是一种被称为叶绿素的绿色色素。与叶绿素混合在一起的还有一种叫作叶黄素的黄色色素，但黄色会被绿色掩盖。

随着秋季的到来，气温下降，叶绿素开始分解、消失，之前被绿色掩盖的黄色色素开始出现，这被称为"底色显现"。黄色色素的出现表示成熟度提高，风味变得更好（图 3-16）。

[对策] 在劳动力缺乏的情况下，青苹果可以不用摘叶，这是该品种的一大魅力。但是，果色只是暂时为绿色的苹果是卖不出去的。底色泛黄的黄绿色甚至黄色的青苹果，才深受消费者喜爱。

底色泛黄的苹果，是由于低温下叶绿素分解和太阳照射果实形成的，所以树冠内部

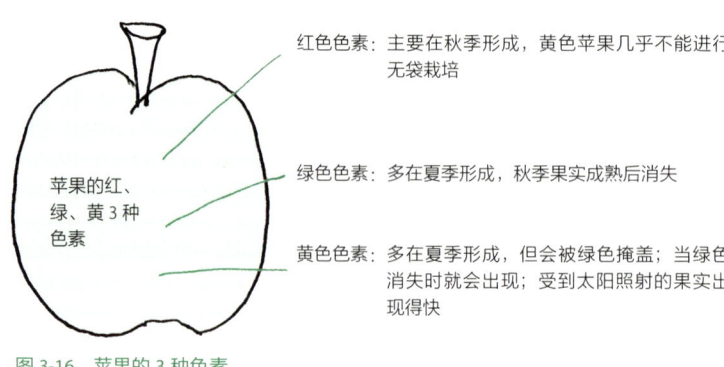

图 3-16　苹果的 3 种色素

的所有果实都需要有充足的光照。

夏季，要剪掉骨干枝上直立的徒长枝，疏除过密的徒长枝，还要通过立支柱或吊枝，将着生果实等重叠的枝条上下分开，使光线容易射入。

为果实遮阴的叶片，会妨碍果实底色变黄，所以最好把遮盖果实的叶片摘掉。如果认真立支架或吊枝，就能做到极少摘叶。

◎ 排水不良也是着色不好的原因

[常见的问题和误区] 秋季阴雨连绵或容易积水的果园的果实长得很好，但有时会发生裂果或着色变差。

水田旁边的果园和使用弥雾机等土壤板结、排水不畅的果园，果实着色不鲜艳，这样的果园也有很多。

平坦地和山地的果实着色差异，是因为夜间气温的下降幅度不同，以及土壤水分含量不同造成的。

平坦地区的苹果种植户，很多都忘记了排水不好会导致果实品质下降。

[原因] 果实着色的基础是叶片同化作用产生的淀粉，这在前文提到过。淀粉在被称为花青素的红色色素变化过程中，先形成被称为苯丙酮酸的物质，之后才会变成红色色素。但若土壤水分充足且土壤中含有的氮被吸收，它会生成促进果实膨大的蛋白质（图 3-17）。

也就是说，合成的蛋白质越多，形成红色色素的材料越少，着色也就越差。

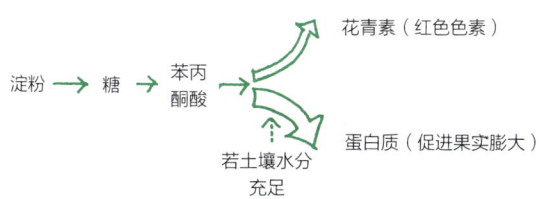

图 3-17　土壤水分多，着色不良

[对策] 坡地或沙壤土等排水良好的土壤几乎不会出现这样的问题，但坡地的坡底果园、水田旁边易积水的果园、下层有犁底层或黏土质土壤形成排水不良的果园等，最好修建暗渠排水设施。

如果做不到，也可以在果园周围挖明渠排水。实在没有办法，就利用反光地膜等向园外排水，避免果树大量吸水，以便提高着色，增强风味。

3 采收管理和贮藏

◎ 比起着色，通过底色判断是否可以采收更准确

[常见的问题和误区] 秋季气温低、光照足，促进红色苹果着色。采用相同栽培方法的苹果，着色越好，成熟度越高，味道也越好。

但是，现在由于反光地膜的应用推广，加速了着色（图3-18）。从消费者那也听到了很多"着色很好，但吃起来味道不好"的传闻。

图 3-18　利用反光地膜促进陆奥着色

[原因] 着色的基础条件是叶片合成的淀粉被输送到果实中，变成红色色素。

白天温度为 24~25℃，淀粉合成最快，夜温低时，向果实中输送的淀粉也越多。

气温降低时，由于反光地膜对太阳光的反射，叶片温度上升，叶片制造淀粉的能力增强，所以充足的光照会促进着色。

人工增加的光照加速着色，会导致果实中糖的合成速度跟不上，不能产生与着色相符的味道。

[对策] 反光地膜最大的问题是导致着色与风味不一致。因为常有"促进着色就会促进成熟"的错觉，在风味还没有形成时就早早采收了。要判断果实的成熟度，观察果实底色的变化是最准确的。但由于铺上了反光地膜，连梗洼（果实底部）都能着上红色，所以观察底色的变化是很困难的（图3-19）。

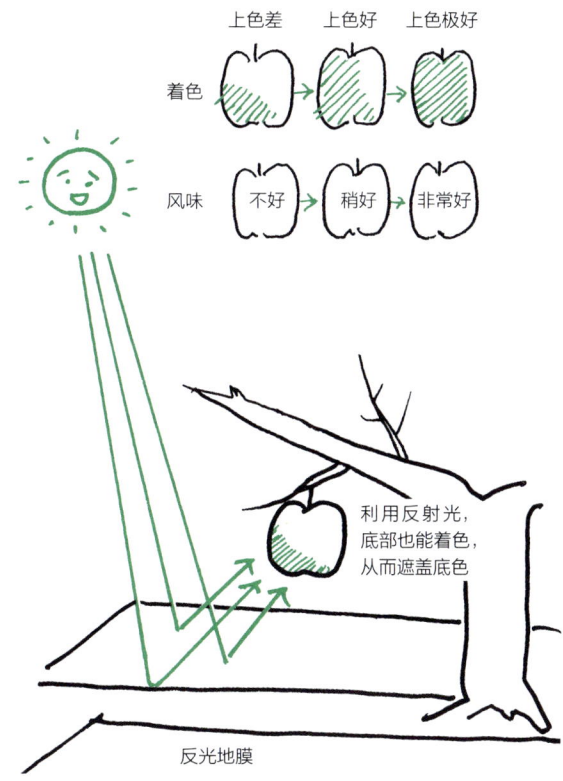

图 3-19 反光地膜与苹果着色的关系

为了使风味与着色相符，即使着色很好也不能采收，要等风味充分形成后再采收。因此，要根据各品种从花盛开开始计算的标准采收天数来采收。

◎ 早采的果实，既硬又不耐贮藏

[常见的问题和误区] 随着果实的进一步成熟，淀粉逐渐变少，糖度增加，酸度降低。随着进一步着色，果实的硬度也会降低，果实外观与内在都发生了各种各样的变化。因为早采的果实硬度大，所以容易被误认为耐贮藏，但这种果实在长时间贮藏过程中会出现各种各样的毛病。

[原因] 果实在树上挂的时间越长，风味越好，但也越不耐贮藏。适当早采的果实一般口感差，但耐贮藏。然而，超过限度地过早采收，贮藏病害就会增多，有时果实萎蔫现象也会增多。

在贮藏病害方面，采收过早的未成熟果实，日烧病和苦痘病会增多（图 3-20）。

[对策] 日烧病多发于元帅系、王林、陆奥、富士等过早采收的未成熟果实，苦痘病多发于王林、陆奥、富士、金冠、世界一号等。

1）关于日烧病，一般的防治对策如下。

①适期采收，对着色不好的果实不要长期贮藏，要立即出售。

②采后尽快低温贮藏。

③将冷库中的氧气、二氧化碳含量都调整到2%~2.5%，采用气调贮藏。这样做虽然可以减少损失，但是对过于不成熟，也就是采收过早的果实，只能推迟病害发生时期，不能完全防止。

2）关于苦痘病，一般的防治对策如下。

①苦痘病发生的原因是果实内钙含量不足，对果实喷施钙肥可以在很大程度上减轻损失。例如，最好在6~8月每隔10天喷施乙酸钙300倍液或氯化钙250倍液，连喷3次。

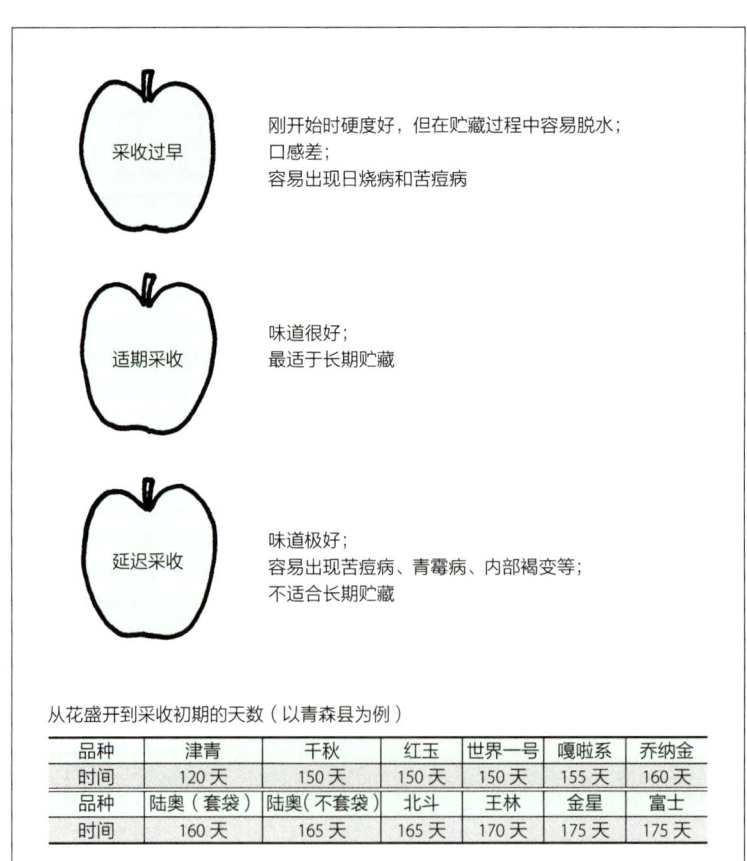

从花盛开到采收初期的天数（以青森县为例）

品种	津青	千秋	红玉	世界一号	嘎啦系	乔纳金
时间	120天	150天	150天	150天	155天	160天
品种	陆奥（套袋）	陆奥（不套袋）	北斗	王林	金星	富士
时间	160天	165天	165天	170天	175天	175天

图3-20 采收过早和延迟采收都不利于贮藏

②控制树势，或减施氮肥和钾肥也有效果。

③采收越早，贮藏中发生的苦痘病就越多，所以从花盛开的时间算起，陆奥、金冠在160天后采收，王林在170天后采收，富士在175天后采收。这对防止日烧病也有同样的效果。

◎ 根据不同的品种和销售时期，采取不同的贮藏方法

[常见的问题和误区]从树上采下的果实，一边消耗果实中蓄积的养分，一边维持活体生存。长期贮藏的秘诀是：低温贮藏抑制苹果的呼吸，将湿度控制在90%左右防止果实中的水分散失。

苹果本来就是贮藏能力很强的果实，很多人认为不管是哪个品种，用同样的贮藏方法不会有什么差别。但实际上根据品种和销售时期的不同，贮藏方法也必须随之改变。

[原因]采收时间越早的品种，贮藏性越差。另外，由于越是早熟的品种，越是在气温高的时期采收，所以果实的温度越高，果实内积蓄的营养成分消耗也越快，贮藏时间也就越短。

[对策]像津轻那样的早熟品种，即使是采后立即销售，也是在果实温度较低的早晨采收比较好。另外，需贮藏1~2个月时，也要将早晨采下的果实立即放在0℃贮藏。

像千秋、元帅系、陆奥、乔纳金等中熟品种，在立即销售的情况下，尽量让果实完全成熟，以采收美味的果实；但如果想长久贮藏，就要尽早采收达到最佳贮藏性的果实。

还有一点对保鲜很重要，就是要在低温时采收。如果在高温时采收，就要把采收箱堆放在通风良好的北面，通过一整晚的大风冷却，然后立即贮藏在0℃的冷库中。如果可以，应在3天甚至更长时间内将果心部分的温度控制在0℃，这是最重要的。

另外，晚熟品种王林和中熟品种的采收贮藏情况相同。最近推出的北斗也有望采用同样的采收、贮藏方法。

富士的贮藏能力本来就很强，但都是在气温相当低的时候才进行贮藏，即使是完全成熟的晚熟品种，在普通的冷库中也能贮藏1~2个月。但是，长期贮藏、贮藏3~4个月甚至更长时间，就要在达到采收期前采收果实，并在0℃下贮藏。

若在气调冷库中贮藏这种为长期冷藏而特意采收的果实，可以多贮藏1~2个月（图3-21）。

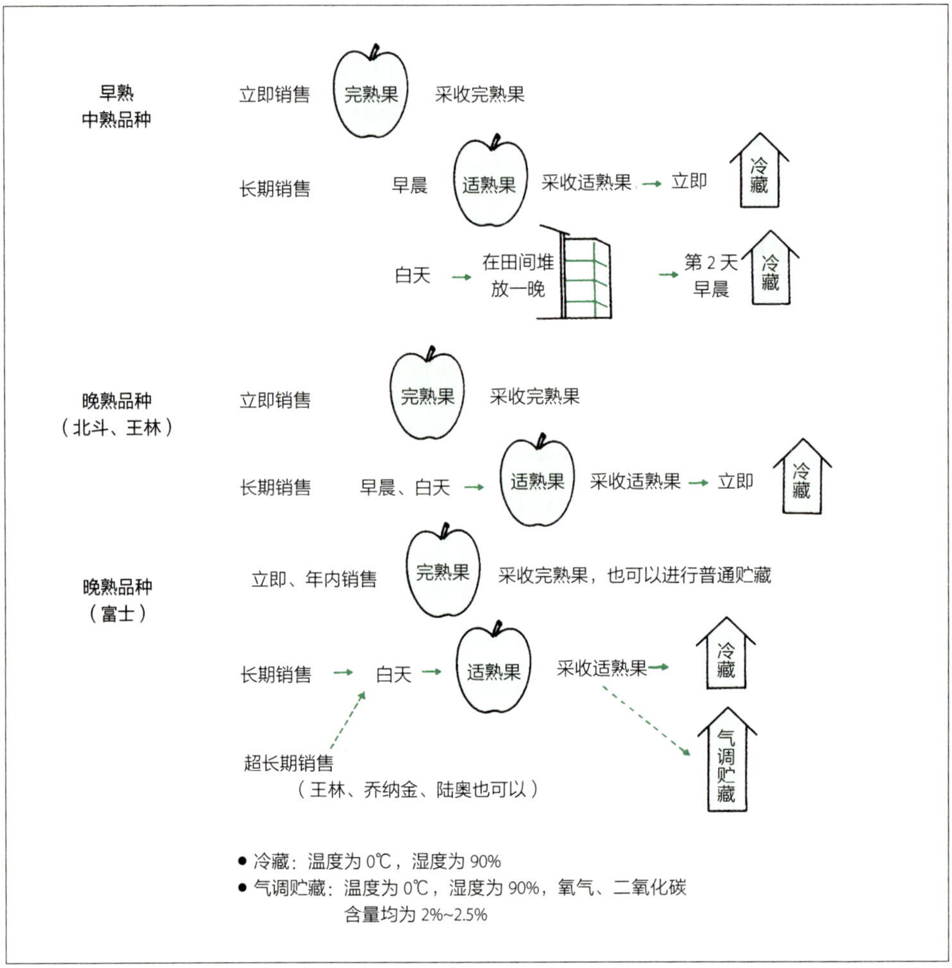

图 3-21 不同的品种和销售时期，采用的贮藏方法也有差别

第 4 章

土壤管理与施肥

◎ 车载式弥雾机是压实土壤的大型机械

[常见的问题和误区] 车载式弥雾机是防治病虫害不可缺少的大型机械，但因为每年要在果园来回喷洒农药十多次，机械的重量会镇压土壤，抑制根系生长，这样的例子也有不少。特别是现在生产的弥雾机，车的高度降低，多在粗壮的树干下，也就是树根最多的地方行驶。

可以说是，这是一种不考虑根系健康发育的机械使用方法。

[原因] 为了树体正常生长发育，土壤孔隙度必须达到 50% 左右，土壤孔隙中含有富含养分的水分和空气。在机械反复运行的过程中，由于镇压土壤，土壤的孔隙就会减少。

用山中式土壤硬度计检测土壤硬度，土壤硬度在 22 千克/厘米^2 以下时根系发育正常，但在一整年中，车载式弥雾机在果园内不停奔跑，从地表到地下 20~30 厘米深的地方土壤硬度最大，土壤硬度在 24~25 千克/厘米^2 时，根系发育差（图 4-1）。

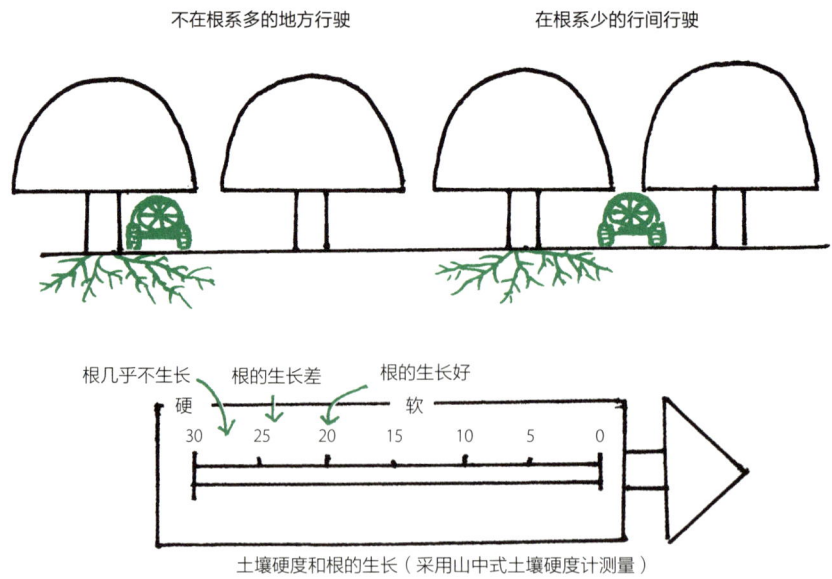

图 4-1 车载式弥雾机会压实土壤

[对策] 一般来说，大型机械不要在距离树干 2~3 米、根量最多的树冠下行驶，应在根系比较少的行间行驶，但这样做容易出现药剂喷布不均匀的现象，所以要选择车载式弥雾机易于使用的树形。

理想的树形是开心形，使车载式弥雾机的行驶轨迹与 2 根主枝平行。夏季枝条重叠现象变多，药液也更难渗透到树冠内部，所以要整理徒长枝，立支柱，消除枝条重叠现象。

对于板结的土壤，如果是盛果期树，每 100 米^2 挖 1 个直径为 20~30 厘米、深 60 厘米的施肥坑，施 10 千克左右的堆肥和 1 千克左右的磷肥。

第 1 年可以在这些地方挖 10 个施肥坑，第 2 年再换别的地方挖 10 个施肥坑，第 3 年再换其他地方挖 10 个施肥坑。按照 3 年计划，在 1 株树的树冠下挖遍施肥坑，使土壤松软，营造适宜新根生长的良好环境。

◎ 施肥时期不同，作用也有差别

[常见的问题和误区] 肥料对于树体来说是必需的，除了氮、磷、钾外，还需要微量元素肥料。除了少数人之外，大多数人都在为施肥量的多少伤脑筋。

重要的是，应该思考如何使树体有效吸收施用的肥料，或哪些肥料是必需的。另外，施肥时期不同，对树体的影响也不一样；但令人意外的是，随意施肥的例子有很多。

[原因] 在施于地表的肥料中，由于磷和钾在土壤中很少转移，极少渗入地下水流失，所以也可以作为基肥全部施入；但是，氮的流失量大，并且施用时期不同，作用也有差别。

4~6 月施用氮肥，会明显促进新梢和新根的生长，使枝条加粗、果实膨大。7~8 月施肥，虽然能促进果实膨大，但对着色和贮藏能力等不利。9~10 月施肥，对增加贮藏养分、充实花芽、开花、坐果、幼果的发育等都有显著的效果（图 4-2）。

因此，在施肥时，考虑不同时期肥料的作用再施用比较好。

[对策] 如前所述，确保肥料被树体吸收是最重要的。这就要求土壤松软、保水力强，还要进行酸性矫正，以使根系正常生长。另外，寒冷地区和温暖地区的地温变化和施用肥料的流失情况也有差异，这一点也应

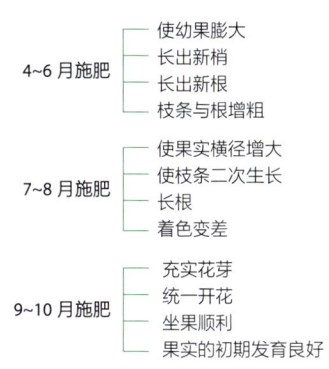

图 4-2 不同时期施肥的作用不同

该考虑在内。

在寒冷地区，因为积雪、融雪导致秋季施肥后，树体吸收氮的能力要比春季施肥时差，所以应该在 9 月底~10 月、地温还高、根系活动旺盛、吸收能力强的时期施肥。如果是在 11 月以后施肥，应该利用堆肥或有机肥料等养分流失少的肥料。

在温暖地区，即使是 10~11 月，根系吸收活动也很旺盛，所以以施用秋肥为主，也可以春季追肥。特别是 6~7 月多雨的地区，少施春肥对树体生理更有利（表 4-1）。

表 4-1　日本不同地区的中等树势的富士成年树的施肥标准（播田）

地区	施肥量 / (千克 /1000 米 ^{2})			施肥方法
	氮	磷	钾	
青森县	15	5~7	10~12	4 月 20 日左右氮作为基肥施用，其他的 6 月末作为追肥施用
岩手县	15	5~7	10~12	3~4 月的早春施 2/3，9 月以后施 1/3
长野县	15	5	12	11 月~第 2 年 3 月施氮 80%，9 月施氮 20%

◎ 钾肥被称为膨果肥

[常见的问题和误区] 自古以来，人们就认为钾肥是膨果肥，所以施用了大量的钾肥。结果是由于土壤中的钾流失少，在土壤中积蓄增多，导致苦痘病多发。

根据青森县的土壤调查，每 100 克干燥土壤中，适宜的钾含量是 28 毫克。但实际情况是，目前土壤中含有大量的钾，是当地标准的 2~5 倍。每年施用大量的钾肥，反而会使土壤养分恶化。

[原因] 长期以来，作为肥料中重要成分的氮、磷、钾的施用比例是 2∶1∶2，但现在少施磷、钾肥的种植户也在逐渐增加。的确，钾不足会抑制果实膨大，毫无疑问是膨果肥，但问题是钾与其他养分有拮抗作用。

大量施用钾肥会抑制钙、镁的吸收，尤其会助长果实内因缺钙而引起的苦痘病的发生，所以即使钾是膨果肥，有时也需要减量施用（图 4-3）。

[对策] 先要进行果园土壤调查，调查土壤中肥料成分的盈亏。每 100 克干燥土壤中适宜的钾含量是 28 毫克左右，土壤中钾含量是适宜含量 2 倍左右的果园，在所施用肥料成分中，钾含量不到氮的一半也不为过。

另外，当土壤中钾的含量达到适宜含量的 3~5 倍时，也可以使用不含钾的肥料。

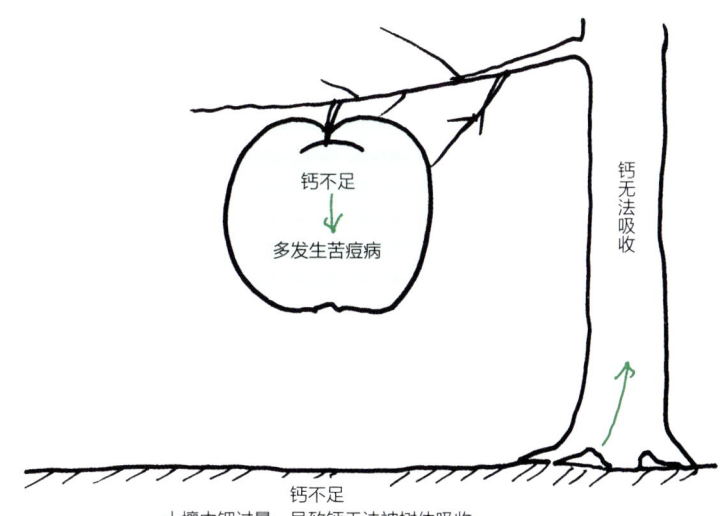

图 4-3 钾过量助长苦痘病发生

还有一点需要注意的是,很多果园施用鸡粪作为堆肥,但是鸡粪中钾含量较多,所以在苦痘病多发的果园还是控制鸡粪施用比较好。

◎ 应该根据树势增减追肥量

[常见的问题和误区] 寒冷、积雪地区的施肥方法:一般在融雪后的 4 月施基肥,施用全年施肥量的 60%~70%;在新梢生长期的 6 月,作为追肥施剩下的 30%~40%。

基肥和追肥加在一起,养分含量大约为氮 15 千克、磷 5~7 千克、钾 10~12 千克。很多人认为一定要达到这个施肥量,但如果不根据树势改变施肥量,就会出现意外的失败。

[原因] 修剪、施秋肥或春季 4 月施基肥,都是为了让树势弱的树变强、树势强的树变弱、维持适宜树势等,是使树体达到正常状态而进行的工作。

6 月追肥的时期,也是判断树势如何变化的时期,应根据树势变化,增减追肥量,这才是正确的追肥施用方法。

[对策] 想确定追肥时期,要先进行树势诊断。诊断的决定性因素是新梢的生长量。

如果落花后 15~20 天新梢达到 15~20 厘米长、20~30 天新梢达到 20~25 厘米长,可视为标准的生长量,施用标准的追肥量即可。如果新梢生长量比标准长 5~10 厘米,就应该减少氮的施用量。每 1000 米^2 应施 5 千克,减少 2~3 千克即可。

如果新梢生长量比标准多 10~20 厘米,几乎可以不施肥。新梢生长量少时,反而要比标准多施 1~2 千克（图 4-4）。

因为找不到追肥施用量标准的试验数据，请把前面的建议当作估算的施肥量。

另外，追肥时期多雨时，土壤本身含有的氮被溶解释放出来，会出现过剩的情况，所以氮要减少到一半左右，否则树势会变强，果实着色变差。

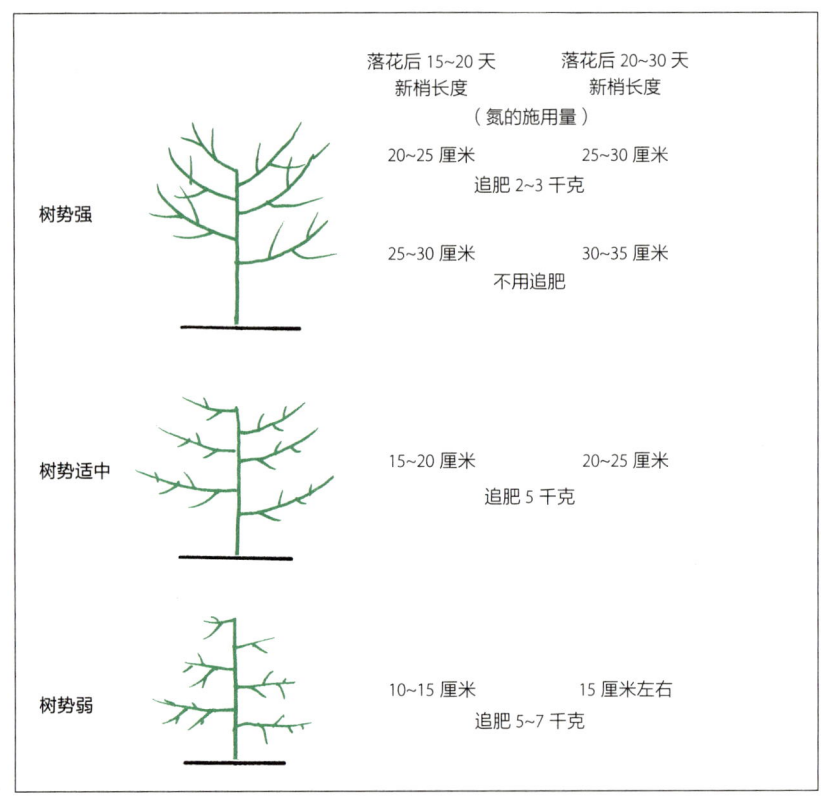

图 4-4　树势与追肥量的关系

◎ 果园堆肥是越多越好吗

[常见的问题和误区] 果树采收 1 茬，相当于每 1000 米² 流失 1 吨的有机物。而长期以来实行的以化学肥料为主的土壤培肥管理，使果园地力退化加剧。现在，通过施用堆肥等有机物提高地力、提高生产力的行动多了起来。

但现在也有不少人错误地认为稻壳堆肥、鸡粪、猪粪堆肥等，施用得越多，效果越好。

[原因] 堆肥被微生物分解后，养分一部分变成容易被植株吸收的无机态养分释放

到土壤中，有的被植株吸收、有的随地下水流失、有的变成二氧化碳和氮气释放到空气中。

根据天气和土壤条件的不同，堆肥的消耗也会有所差异，但大致是每1000米² 1~1.5吨。因此，为了维持地力，这个施肥量就可以了。但是为了提高地力，就需要更多的施肥量。

堆肥因种类不同而成分有差异，一般除了含有氮、磷、钾等三大元素外，还含有果树生长所需的微量元素，属于优质肥料。如果大量施用，肥料成分就会过剩，树就不能正常生长发育。也就是说，会造成树势过于茂盛，果实也难以着色，容易出现果实生理病害，贮藏性下降（图4-5）。

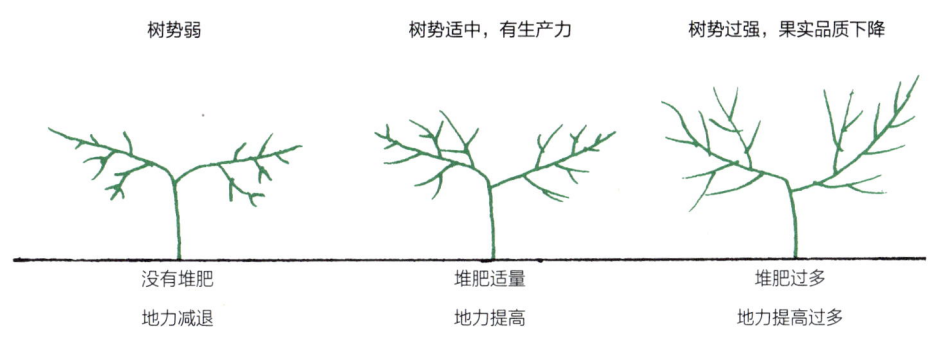

图4-5 堆肥过多也有问题

[对策] 如前所述，为了维持地力，在堆肥分解、消耗少的寒冷地区，每1000米²可以施1吨左右堆肥；在堆肥分解、消耗多的温暖地区，施1.5吨左右堆肥（加入氢氧化钙）。为了提高地力，就需要施2~3吨堆肥，即使多施肥，4吨也是极限了。特别是在连年施堆肥的情况下，土壤中的钾会增加。

实际调查显示，已知土壤中含有的可替换性钾含量是标准量的2~5倍。因此，在施堆肥的同时，若还像以前那样施化学肥料，就会导致树体出现异常，所以在每1000米²施2~3吨甚至更多堆肥的情况下，化学肥料施用量必须控制在标准施肥量的一半以下。

◎ 堆肥的肥效因土壤条件而有差异

[常见的问题和误区] 堆肥能够有效提高土壤地力。也就是说，施堆肥可以提高土壤养分的持续供应能力、保水能力，为根系扩展增加土壤孔隙，激发微生物的活力等，即为生产作物提高了土壤的综合能力（图4-6）。因此有人认为无论什么样的土壤施用

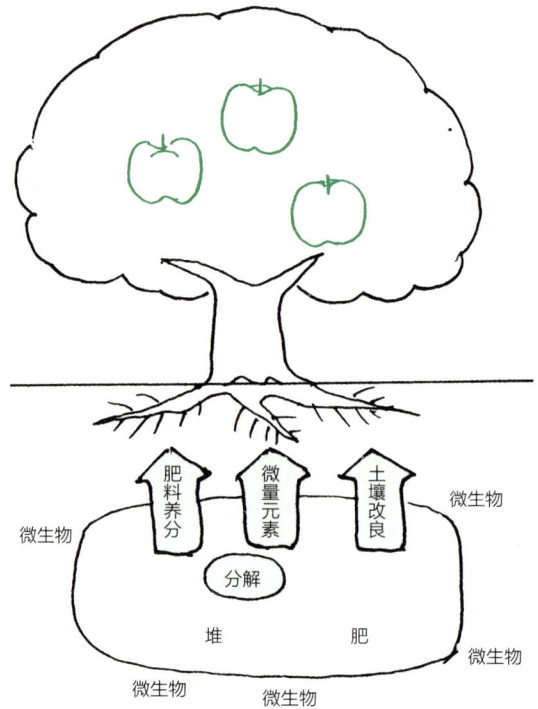

图 4-6 堆肥的肥效

了堆肥，都会发挥出相同的效果，但实际并非如此。

[原因] 在排水不良的土地上，如果不采取排水措施就在栽植穴里放入堆肥，只会助长涝害。在犁底层坚硬的土壤中，不经深耕就施入堆肥，无法增强犁底层土壤的地力。另外，在强酸性的土壤中只施入堆肥，也不能充分矫正酸性。

也就是说，为了通过堆肥提高地力，要充分掌握每个果园的土壤条件，在解决根本问题的基础上施用堆肥。

[对策]

①为了确保根系健壮生长，利于根系生长的优质土层要厚，最好具备促进堆肥顺利分解的土壤条件。

②为了使水田转换园等土壤中微生物良性繁殖及堆肥顺利分解，一定要做好排水措施。

③去掉表层土的新建园，或下层胶着、坚硬，根系难以生长的土壤，首先要深松土壤，将堆肥施到深层。因为如果无法使根系顺利生长，就达不到应有的施肥效果，所以在树冠下要挖深 60~80 厘米的穴施入堆肥。

④在根系数量比较少的行间开沟，施入堆肥，扩展根系的生长空间。

⑤施入堆肥 2~3 吨可以矫正 pH0.5，但强酸性土壤只投入堆肥是不够的，要在用氢氧化钙改良酸性的基础上，再投入堆肥，才会提高肥效。

◎ 未腐熟的堆肥会对树体的生长发育起反作用

[常见的问题和误区] 培育健康的苹果树，需要有健康的土壤，这是众所周知的。

沤制堆肥时，多以稻壳等为基础，经家畜踩踏，混入氢氧化钙等进行处理。但是，材料的颜色变黑或变软，就误以为堆肥完全腐熟了，就这样施用的果园也有很多，这是纹羽病繁殖的原因之一。未腐熟的堆肥，不能说是使土壤肥沃的有效有机物。

[原因] 未腐熟的堆肥在施入土壤后才进行分解，而为了分解，又需要消耗土壤中无机态的氮，所以暂时无法为树体提供氮，会引起植株暂时性缺氮（图 4-7）。

图 4-7　施用未腐熟的堆肥会引起植株暂时性缺氮

另外，未腐熟的堆肥与完全腐熟的堆肥相比，土壤中繁殖的微生物种类有很大差异。未腐熟的堆肥含有很多容易分解的成分，会繁殖大量的有害丝状菌，引起果树根部病害。

在苹果栽培过程中出现较多的纹羽病，就是由丝状菌引起的，未腐熟的堆肥会增加纹羽病的病原菌。

[对策] 未腐熟的堆肥加速分解，变成中熟堆肥后，有益的放线菌会持续增加。在这些菌中有纹羽病病原菌的拮抗菌，也就是像木霉菌那样抑制纹羽病病原菌增殖的有效菌。经过进一步腐熟变成完全腐熟的堆肥后，形成不会产生病害的丝状菌，即有益的放线菌，施用这种堆肥果树几乎不会出现病原菌。也就是说，即使施用于土壤，对根系有害的菌类也不会繁殖（图4-8）。

完全腐熟的堆肥会变成黑褐色，用手抓时，材料会变得破破烂烂，不会有难闻的、刺激性的气味；溶于水后有大量细小的沉淀物。将完全腐熟的堆肥装入塑料袋扎口后，几乎不会涨袋，而未腐熟的堆肥会有二氧化碳等释放出来，可以通过涨袋与否等来判定堆肥的腐熟程度。

由于使用材料不同，堆肥达到完全腐熟所用的时间会出现差异，所以要仔细观察腐熟程度后加以利用。

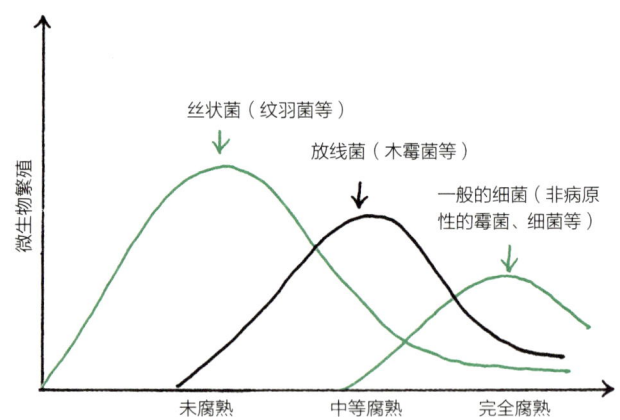

图4-8 堆肥的腐熟过程（根据小林达治的原图做了部分修改）

第 5 章

自然灾害和病虫害防治

1 自然灾害

◎ 因强风造成少量落果的矮化树

[常见的问题和误区] 由于矮化树根系浅，遇到台风等强风，树木或枝条的折损非常严重。因此，在矮化栽培中，支柱是必要的材料。

可能是因为矮化树抗风能力较弱，很多人会认为刮风导致的落果也会很多，但事实并非如此。

[原因] 为了防止遇风倒伏，要立牢固的支柱，将矮化树的主干紧紧地绑在支柱上，所以即使刮强风，树也很少摇晃。

另外，矮化树的理想树形即所谓的细长纺锤形，树冠上部小，坐果量也少，而下方受风影响小的大侧枝才是主要的结果部位，所以落果造成的损失特别少（图5-1）。

[对策]

①为了减少因风落果，最基本的是建立防风林或防风网。

②矮化树落果的主要原因是由于根系浅而引起倒伏，所以要加强支柱的牢固性，使之不摇晃，还要把树紧紧地绑在支柱上。

③所用支柱越高，相应费用会有所增加，但不要用过矮的支柱。例如，有时枝条会超出支柱上方50~100厘米，这些枝条落果较多。

④如果抬高结果部位，工作效率就会很低。

矮化树在受风少的下部枝条上坐果量多

图5-1 矮化树因风落果少

⑤在矮化园中，树行起到防风林的作用，相邻的树相互挡风。特别是下部枝条遇风非常少。

◎ 树矮却耐霜冻的矮化树

[常见的问题和误区] 霜冻等低温会导致花器官受损，因为冷空气停留在低洼地，所以对山间、水旁低地等处的果园危害多。

另外，在1株树上，越是下部的枝条受害越重。因树高降低的矮化树的结果部位低，就担心它的受害情况更重，不过与预想相反，在低温情况下矮化树的受害情况要轻得多。

[原因]

①空气遇冷，比重增加，在山区沿着山脊堆积在低洼地（图5-2）。

②辐射冷却现象导致地表气温极端下降。

③除了低洼地以外，在有障碍物阻挡冷空气移动的地方，危害也会加重。

④生长迅速的芽、生长发育早的中心花，或者是下部枝条的芽和花，暴露在冷空气中的机会多，也更容易受害。

⑤不同的树木的受害程度也有很大差异。从树体内的贮藏养分来说，贮藏养分越多的树耐寒性越强，所以贮藏养分能力高的矮化树，寒冷的危害也会减轻。

[对策] 即使是矮化树，如果遇到强寒流也免不了要受害。

栽植苹果最好不要选择容易滞留冷空气的地方，低温时一定要采取基本的防寒对策，如烧火保温或设置防霜风扇等。

在坡地，与其沿着等高线栽植，不如沿着山脊种植，这样冷空气容易向下流动（图5-3）。

树体管理方式也一样，即使常规操作的效率多少有些降低，但为了减少寒冷造

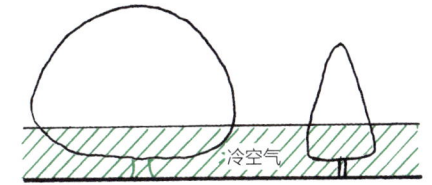

图 5-2 冷空气重，停留在低洼地

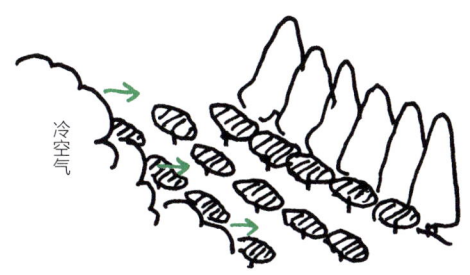

图 5-3 防风林有时会阻碍冷空气移动

成的损失，也可以抬高下部枝条的位置等（图 5-4）。

为了提高对寒冷的抵抗力，必须在树体内蓄积养分，所以要避免大量坐果，严格进行病虫害防治，提高叶片功能也很重要。

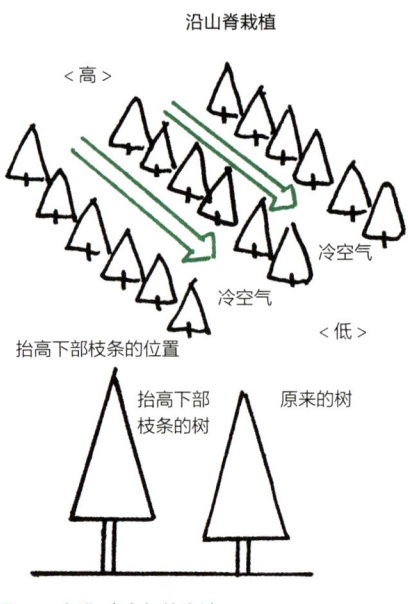

图 5-4 抵御冷空气的方法

2 病虫害防治

◎ 按照时间表喷药是对农药的浪费

[常见的问题和误区] 以细长纺锤形的树形为基础，组建统一的防治队伍，在集中大面积喷洒农药时，计划不当会造成巨大损失，因此要在深思熟虑基础上，每年制订喷药计划，这才是正确的做法。

但是，一般病虫害的发展规律因当年的天气条件等不同，在发生量与发生时期上有很大差异。因此，预计病虫害发生极少，还是按照当初的计划进行喷药，这样造成农药浪费的例子也有很多（图 5-5）。

根据问卷调查，苹果园每年的喷药次数为 9~15 次，平均为 13.3 次，从详细情况来

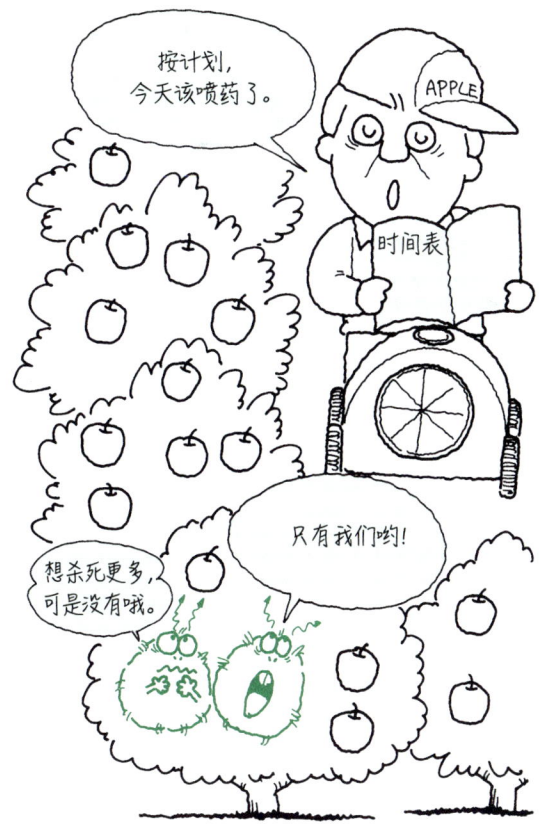

图 5-5　病虫害发生极少时，还按时间表喷药会造成浪费

看，个人防治的次数少，大规模统一防治的次数多。可以看出，不能机械地按照喷药时间表喷药。

[原因] 病虫害因地域不同，发生密度也有差异；还因天气情况不同而有差异。

一般来说，像低温多雨时黑星病、念珠菌属病（苹果花腐病）发生较多，高温多雨时斑点落叶病大量发生一样，病害会受温度与降水量影响（图 5-6）。并且，喷药时间表没有考虑害虫在气温高时发生量大的情况，以及病虫害的发生预测体系薄弱的原因。

[对策] 病害和虫害的防治思路多少有些不同。

①对于病害，在看到病斑时无法用农药消灭那个已出现的病斑，但是可以防止二次感染。在害虫危害叶片和果实之前将其消灭掉是没有问题的。

②虽然也有像白粉病那样在干燥条件下发生的病害，但大部分都是在低温多雨，或高温多雨的情况下发生，所以如果有持续半天以上的降雨，最好在雨后及时喷药。

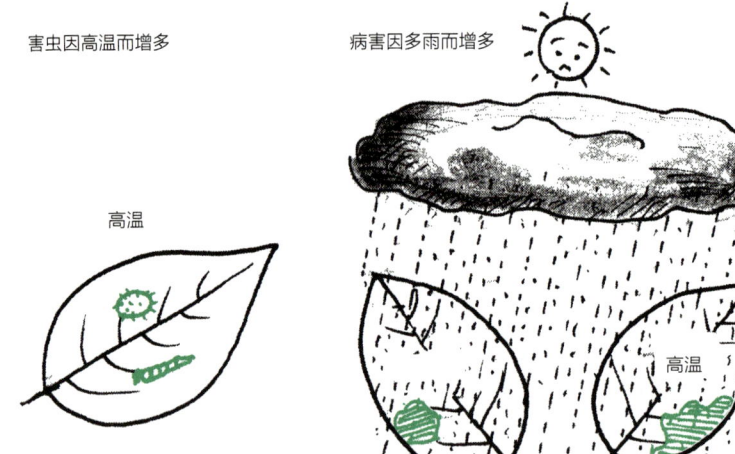

防治的要点是注意温度和降雨，随时观察树木情况，适时防治

图 5-6　病虫害的防治时机很重要

③在要防治害虫的果园中，只要把药液最不容易喷到的地方，如树干、树冠上部的徒长枝作为害虫发生预测的观察对象，持续观察并适时用药就可以了。

④防治虫害比防治病害更易节约农药。如果没有虫害，也可以不喷农药。特别是害虫在高温下繁殖，持续低温时发生得少，所以也可以省去杀虫、杀螨剂。不管怎样，要仔细观察叶片上害虫的发生情况，并采取相应措施，尽量不浪费农药。

◎ 特效药不是万能药

[常见的问题和误区] 现在出现了 EBI 剂（抗生素）、拟除虫菊酯等效果非常好但价格昂贵的农药。这些农药对病虫害的防治作用广泛，所以很多人认为只要喷布这些农药，就能预防几乎所有的病虫害。但意外的是，这里面有很多陷阱，所以使用时一定要注意。

[原因] 在 EBI 剂中，氟菌唑、氯苯嘧啶醇、联苯三唑醇等，对黑星病、赤星病、白粉病、斑点落叶病等主要病害有防治效果，但对长期发生的黑点病无效。黑点病在多雨情况下繁殖、大范围受害的例子也有很多。

拟除虫菊酯也是针对主要害虫，除康氏粉蚧以外效果显著，因此作为特效药被重用。但据说它还会杀死康氏粉蚧或螨的天敌，反而会诱使这两种害虫增殖。

[对策]

①在经常喷布 EBI 剂的果园，到了落花期，易发黑点病的红玉发病减少，不怎么

会形成重大病害,直到落花后30天的持续降雨,此时病害多发,要有所准备。

②即使无法确定病害是否出现,也一定要加用防治黑点病的药剂,确保万无一失。

③拟除虫菊酯的效果非常好,药剂有效期也长,甚至可以省去1次杀虫剂的喷布。受药效影响,也有种植户产生了1年使用几次的想法,但考虑到它对害虫天敌的伤害,不该随意多次使用。拟除虫菊酯可有效防治害虫,在害虫大量发生的6月中下旬或7月中下旬使用1次效果比较好。虽然拟除虫菊酯是一种防治效果非常好的药剂,但要尽量避免多用而造成害虫天敌减少,导致介壳虫与螨增加。

一定要记住,特效药并不是万能药,也有它的弱点。

◎ 因机型不同,弥雾机的功能有很大差异

[常见的问题和误区] 在日本,制造苹果园用的弥雾机的厂家很多,机型有40~50种,性能也多种多样。

采用山定子砧木的果园一般栽植行距为7.3米,弥雾机完全可以在行间穿梭防治,使用了性能不完全的机型的情况有很多。即使防治时期最佳,但由于药液喷布量不足或药液没有充分喷到树冠内部等原因,导致防治效果不佳的案例也有很多。

[原因] 弥雾机的原理是用从机器产生的风吹乱树体,风裹挟着药液进行防治。机器的风量越大,就越能赶走树体周围大量的空气,叶片反转使叶片的正反面都能附着药剂。

风量大小影响防治效果,现在市面上销售的弥雾机,有风量从200~400米^{3}的小型机到700~1000米^{3}的大型机,各种各样。但小型机如果使用方法不当,防治效果会很差。

[对策] 风量大的机型,输送药液的距离长,防治效果好(图5-7)。但即使如此,

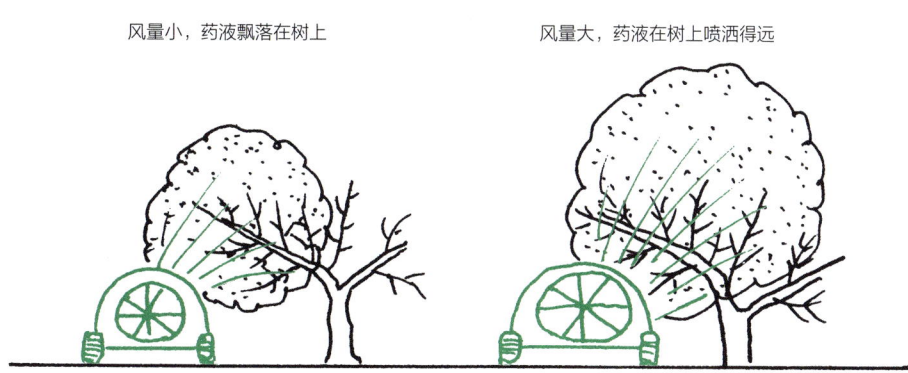

图5-7　弥雾机因风量不同,喷洒能力也有差异

也只限于行距为 7.3 米时，如果行距超过这个限度，无论如何都会导致喷布不均。

若栽植行距为 9.1 米，可单侧喷布，但同一行树要跑 2 次，否则很难完全防治。

风量为 300~400 米³ 的机械，不适合在山定子砧木的果园使用，可以认为是矮化园的专用机型。风量为 500~700 米³ 的机械，栽植行距为 6.3 米时能够实现两侧喷布，栽植行距为 7.3~9.1 米时进行单侧喷布，要在同一行间跑 2 次（图 5-8）。

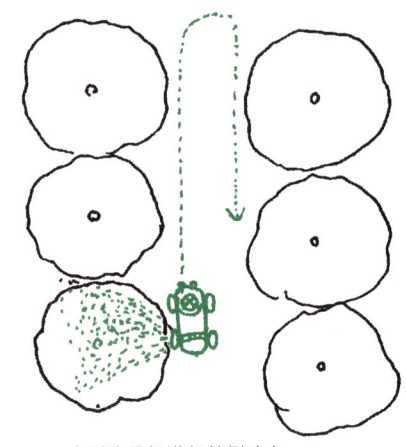

小型弥雾机进行单侧喷布，同一行间要喷布 2 次

图 5-8　小型弥雾机的单侧喷布

◎ 即使不用波尔多液，钙也是必需的

[常见的问题和误区] 波尔多液对很多病害都有效，是长久以来种植户强烈支持生产的农药。但波尔多液所含的铜制剂，残留在土壤中会抑制树苗生长发育，能与其混用的农药也少，无袋栽培时果面还会被污染，销售就会成为问题。又因为波尔多液对现在大量发生的黑星病没有效果等各种各样的问题，所以使用也越来越少了。

然而，出于铜制剂的问题没有喷布波尔多液，但果实加速软化、苦痘病增多、果实出现病害的例子也增多了。所以虽然有不想使用波尔多液的想法，但没有钙也会出现问题，必须认真考虑。

[原因] 众所周知，钙不足时，番茄就会发生脐腐病。苹果的苦痘病也是由果实内钙不足引起的（图 5-9）。

波尔多液中有充足的钙，喷布后，附着在果面上的钙被吸收，对防止果实病害起到了很好的作用。果实中的钙与细胞壁的果胶结合，就可防止果实软化。

[对策] 现在，喷布用的钙有碳酸钙、硫酸钙、氯化钙、乙酸钙等。利于果实吸收的是氯化钙和乙酸钙，前者因品种和使用时期的不同会发生药害，而乙酸钙药害较少，也易与农药混用。

一般来说，钙很少从叶片转移到果实，必须直

图 5-9　王林的苦痘病

接附着在果实上。因此，套袋栽培时，在除袋前或除袋后，每隔 7~10 天喷布 1 次，连续喷布 3 次以上；无袋栽培时，从落花后到夏季喷布 3 次以上，可以有效减少苦痘病，减轻过熟果出现的上油，以及贮藏中发生的斑点病害等（图 5-10）。

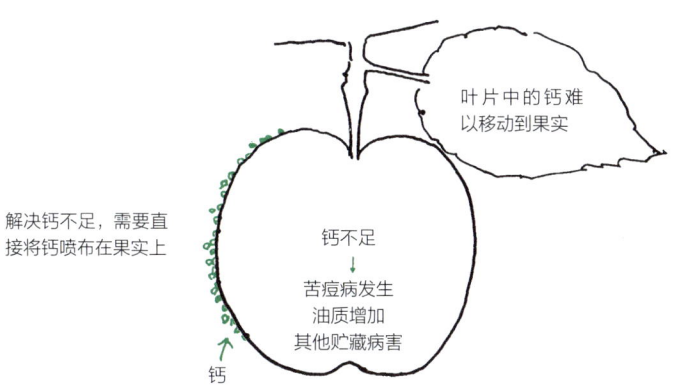

图 5-10　钙元素是果实必需的

◎ 波尔多液的配制要点

[常见的问题和误区] 波尔多液是 19 世纪后半叶开始使用的一种长效农药，但由于铜制剂造成的土壤污染、果面污染等原因，使用它的人越来越少，甚至尽可能不使用它。但是现在发现，除了频发的轮纹病、煤斑病等以外，它对褐斑病的防治效果也很显著，所以在那些病害发生多的地方使用是必需的。

波尔多液常被认为是由硫酸铜和生石灰混合而成的，但根据配制方法的不同，也易配制出不是波尔多液的错误药液，在不知道的情况下喷布的例子也有不少。

[原因]

①配制波尔多液时使用的生石灰，如果在潮湿的状态下贮藏会逐渐风化，就不适合作为配制原料使用了。

②在配制波尔多液的过程中，生石灰和硫酸铜必须在碱性状态下不断反应，才能生成真正的波尔多液。

③若在酸性状态下反应，药液中的颗粒会变大，内容物的沉淀速度快，生成效果差的药液。

[对策] 波尔多液的配制步骤：先准备 2 个容器，在一个大容器中加入 80%~90% 的水，将硫酸铜溶解于其中。在另一个容器中倒入少量温水，再放入生石灰烧开，直至

完全溶解，加水成为石灰乳。

　　用弥雾机喷布波尔多液时，如果是用容积为1000升的桶，可在桶中加入200~300升水，将溶解后的石灰乳溶入其中并搅拌。接着，一边往桶里注水，一边将溶解在容器中的硫酸铜溶液慢慢倒入搅拌，将桶加满。但是要注意，直接将石灰乳倒入硫酸铜溶液中混合，不能形成正常的波尔多液（图5-11）。

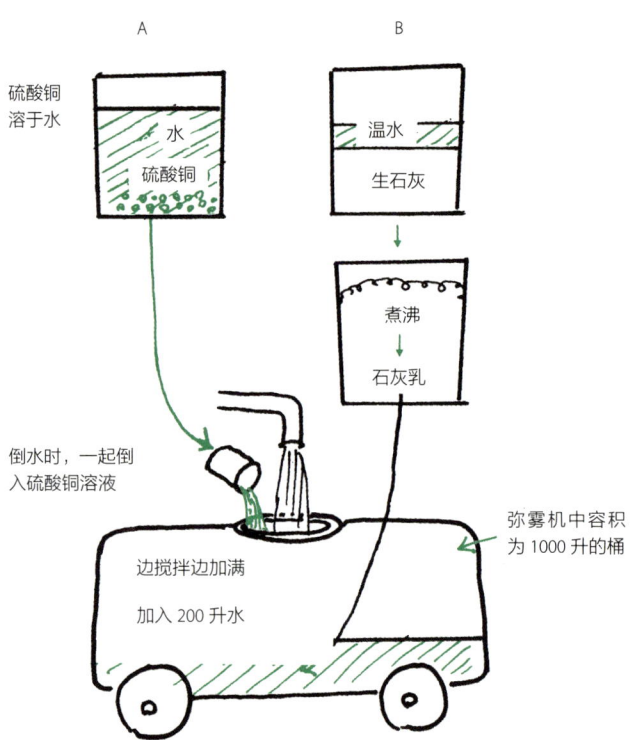

图5-11　波尔多液的配制方法

第 6 章
品种与更新

1 品种特性和管理方法

◎ 全种便于管理的品种不太现实

[常见的问题和误区] 出于进口产品的竞争攻势、人手不足等原因，种植户都希望降低成本生产。

因此，种植户在选择品种的时候，大多选择王林那样不需要花费精力促进着色、花费劳动力少且能生产出优质果的品种（图6-1）。

虽说这样的判断是正确的，但在面对追求多品种、少量购买的消费者时，只栽培省力的品种也不太现实。

[原因] 栽培省心的品种，可以减少投入的劳动力，灵活运用家人的劳动力，更有利于经营，因此经营规模越大的种植户，越应该引入这些品种。

但是，谁都想栽培能够轻松地生产优质果的品种，所以这些品种的栽培面积容易增加，产量也会增加。最终，就必须考虑到价格会迅速下降。

[对策] 近年来，种植户必须考虑消费者的喜好选择品种、进行栽培。虽说现在价格高，但如果过于偏重特定品种，一旦那个品种出现问题，经营上就会受到很大打击。

过去，国光、红玉的没落给种植户造成了巨大的损失，现在也有很多种植户因为元帅系的消费者流失而陷入困境。因此，品种均衡很重要，一方面是为了应对消费者喜好的变化，另一方面也是为了分散气象灾害造成的风险，分散着色管理和采收作业的劳动力。

另外，经营规模不同，品种构成也应该不同。大规模栽培的种植户，以无袋栽培为主，王林的比例高了好；小规模栽培的种植户，应该考虑引进陆奥、世界一号等可密集栽培、容易出现价格差异的品种，有利于提高收益，但建议在经营中，一个品种的栽培比例不能超过30%。

图 6-1　全种便于管理的品种不太现实

◎ 在温暖地区也易着色的珊夏

[常见的问题和误区] 苹果果实的红色来自花青素。花青素在酸性环境下呈红色，在碱性环境下呈绿色。而以叶片制造的淀粉为基础，苹果果实在紫外线和低温下着色良好。

因此，一般来说，越是寒冷或高冷凉地区，苹果的着色就越好。特别是北斗等品种，在日本秋田县、岩手县北以北的产地，以及长野县一带海拔 600~700 米甚至更高的地区着色好。

而珊夏是夏苹果，虽然很难着色，但在津轻难以着色的地区着色也好，有时比寒冷地区的收成更好（图 6-2）。

> 比津轻采收期早 5~10 天
> 甜酸适口，味道浓厚
> 即使在高温下也容易着色
> 落果少，货架期长
> 比津轻投入劳动力少

图 6-2　珊夏的特性

[原因]花青素一般是在低温下生成的，根据植物种类或器官的不同，也有高温促进其生成的报告。另外，花青素在光照充足且高温环境下也会产生，光照不足且低温时也会产生较多的花青素。因此，条件不同，花青素生成的最适温度也不同，但其原因还不清楚。而珊夏果实中的花青素即使在高温下也容易转变为红色（图6-3）。

[对策]

①在温暖肥沃的平坦地，多数情况下津轻的着色很费事，津轻栽培比例高的种植户，着色管理和采收所需的劳动力就成为问题，所以最好考虑引入珊夏。但是，珊夏在寒冷地区或瘠薄的土壤上果实膨大较差，无法提高产量，一般是在温暖地区的肥沃土壤栽培。

②在瘠薄的土壤中要施入充足的堆肥，土壤的肥沃程度以必须能够维持树势为准。

③在寒冷地区，推荐利用河岸冲积土或水田转换园那样的肥沃土壤，利于果实膨大，也利于矮化砧品种着色。

图6-3 珊夏在高温条件下也容易着色

◎ 在寒冷地区用山定子作为砧木的千秋果实膨大差

[常见的问题和误区] 千秋是甜酸适中、口感极佳的品种。在日本东北地区南部及以南的产地，它的着色和果实膨大都很好。在寒冷地区，它的着色没有问题，但尤其是用山定子作为砧木的千秋，多数果实膨大不理想，产量无法提高。

[原因] 一般认为20℃是果实膨大的最适温度，所以在寒冷地区，中熟、晚熟品种的成熟期正赶上气温下降，难以出现果实膨大的适宜温度。另外，一般来说，用山定子作为砧木的果实比采用矮化砧木的果实膨大差，但在千秋上，其差别似乎更大。

[对策]

①新栽时，和珊夏一样，在肥沃的土壤上栽植矮化嫁接苗就能够长大，所以即使在寒冷地区也可以进行栽植。

②对苹果来说，水田转换园也是栽培的处女地，树体的生长发育极好，是栽植千秋的好地方。

③已经栽植的苗木和用山定子作为砧木的高接树，如果在气候条件不适合果实膨大的年份，小果就多。为了使果实顺利膨大，就要选择新梢粗壮，并着生饱满芽的结果枝上，还要做到完全授粉、适量挂果。

④为了使果实顺利膨大，首要的是充分利用着生饱满芽的粗壮结果枝，去掉直立枝和下垂枝，以水平线上下30度抽生的枝条为主，形成结果部位（图6-4）。

⑤开花越早、越充实的花芽，果实越大，每个花序有5~6朵甚至更多的花，要确保中心花授粉。对授过粉的花，尽量进行1次疏花。如果条件不允许，就在落花后10~20天，比其他品种提早5~10天完成疏果。

⑥施肥标准：氮15千克、磷5~7千克、钾10~12千克。与施肥量相比，更重要的是所施肥料能被土壤充分吸收，在旱地最好覆草或浇水。

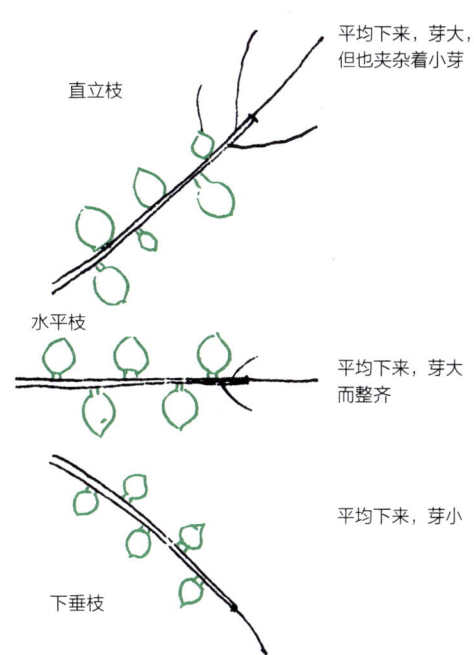

图6-4 千秋以水平线为中心，上下30度范围内着生的枝条的状态

◎ 乔纳金果面蜡质的主要成分是不饱和脂肪酸

[常见的问题和误区] 随着苹果果实的成熟，都会释放熟透的气味，并且不管是哪个品种，或多或少都会在果面上形成蜡质。其中，乔纳金是最容易出现蜡质的品种。也有很多消费者误认为蜡质是为了提高果面光泽而人为涂上的。

[原因] 果皮的蜡质，也就是"上油"出现的原因是：随着成熟度的推进，对果皮具有保护作用的不饱和脂肪酸——亚油酸和油酸，在果实的果皮上逐渐增多（图6-5）。

在柑橘和苹果果实上，也有一部分是人工涂上的蜡质。但现在苹果上几乎不采用这种方法，都是果实本身通过代谢作用排出的蜡质，是自然产生的。

现在，亚油酸又被称作第六维生素而备受人们关注（维生素F），既具有营养价值，食用也完全没有问题。

[对策] 如果想长时间贮藏果实，使用油脂含量上升的果实是不行的。还有很多人觉得蜡质所具有的滑腻感令人不舒服。所以，应该多宣传苹果的营养特性，蜡质不是人工涂蜡，而且有营养价值。

另外，确实没有贮藏性的果实，可以放入聚乙烯袋中，如果用家用冰箱贮藏，完全可以贮藏10~15天，不要忘记宣传这点。此外，乔纳金甜酸适宜、味道好，这也是向消费者推销的亮点（图6-6）。

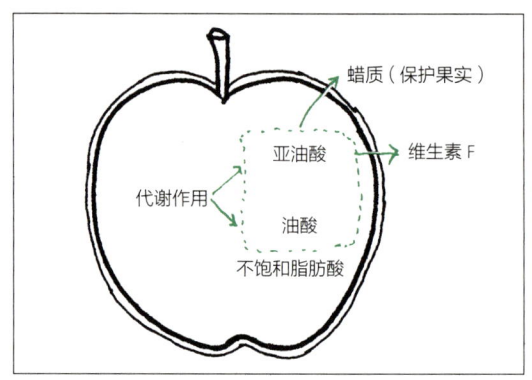

图6-5　乔纳金的蜡质主要是不饱和脂肪酸

图6-6　M26砧木的乔纳金

◎ 北斗的霉心病是其致命伤

[常见的问题和误区] 北斗有味道好、汁液多、有香味等优点，是新时代备受关注的水果。但是，它的缺点是色泽不好、劣质果多、没有贮藏性等。霉心果的发生是北斗的致命伤，这种说法很多。但这种说法未必正确。

[原因]

①霉心病的病原菌从萼部开口的部位侵入，在果心部位繁殖，造成危害。产生霉心菌的病原菌有 20 种，其中的 4~5 种是主要的病原菌。

②从落花期到 9 月，病原菌四处飞散，侵入果实。发病轻的，病原菌在种子周围停止繁殖；发病严重的，连果肉也开始腐烂（图 6-7）。

③树势旺盛的树或枝条，短果枝上形成的果实发育更好，因为多是萼部开口，病原菌容易侵入，所以发生霉心病多。

[对策] 果实发育偏斜时霉心病就是问题（图 6-8）。因此，幼树比盛果期树发病多，短果枝比中、长果枝发病多，高接后 3~4 年生枝比 5~6 年生枝发病多，中心果比侧果发病多（图 6-9）。防止霉心果产生的基本条件是在果实能顺利生长发育的地方坐果。

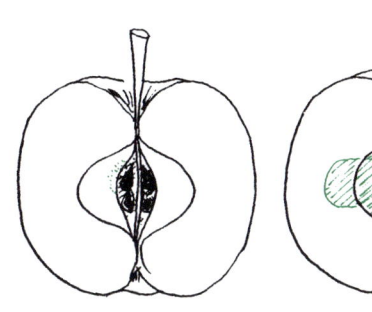
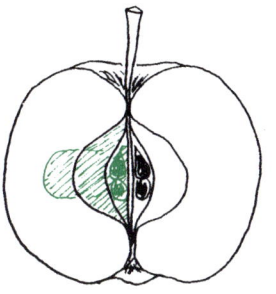

图 6-7 北斗的霉心果

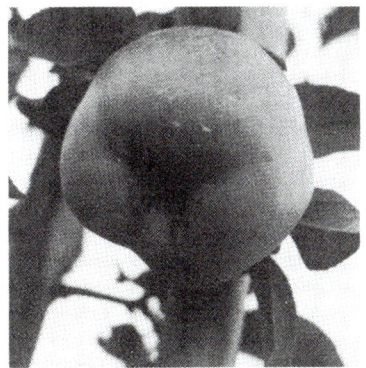

图 6-8 霉心果发育偏斜，果形不正

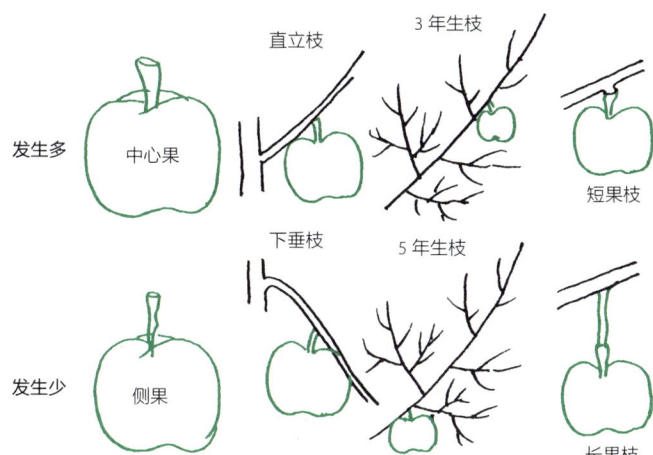

图 6-9 霉心病易发生的果实和发生少的果实

最近的调查显示，下垂枝比直立枝，结果部位枝龄大的比枝龄小的地方，中、长果枝比短果枝，侧果比中心果受害都轻。不管怎样，树木整体树势稳定后，受害就会锐减。

富士刚问世的时候，裂果、霉心、着色不良等现象多发，影响很大，也有人因此放弃了富士，但随着技术的进步，用富士生产优质果成为可能，现在已经不是什么大问题了。

另外，着色不良也会随着树势的稳定而有所改善；对于贮藏性不足的问题，可采取的措施是在采后立即冷藏，并将冷藏的富士提早销售。

◎ 即使有光照，陆奥也会出现绿果

[常见的问题和误区]通过栽培管理，陆奥是果色变化最多的品种。无袋果会从绿色变成绿黄色、再变成黄色。这种变化是在光照充分的情况下发生的，但是无论光照如何都不能脱掉它的绿色（图6-10）。

[原因]虽然原因不明确，但绿果的产生好像与芽的发育有关。直立枝上的芽一般都大，但也有小有大且不整齐。另外，下垂枝、衰弱枝上多是花多叶少的弱芽。绿果大多是那种小芽长成的果实。

[对策]

①无论是哪个品种，要想生产优质果，首先要保证新梢长度适中，花芽大而整齐，即是所谓充实的枝条。

②为了减少绿果，必须细致地进行疏果。

③小芽上形成的花开放较晚，每个芽上开的花少。因为少于4朵花的芽都不会形成好果，所以花芽数量多时，在开花前疏掉所有的弱芽的花。

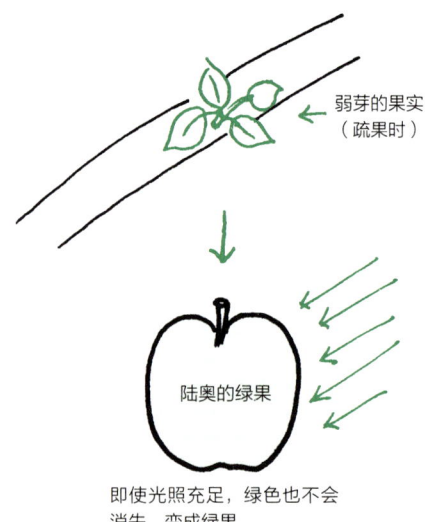

图6-10 陆奥的绿果

④开花坐果后，对于发育迟缓的果实，即使发育比较好，若与果实相对应的叶片数量只有4~5片，绿果的发生率也很高，所以要疏掉。

⑤这种弱小的芽容易长在直立枝或下垂枝上，下部的果实多于背上的果实。

◎ 绿色的王林不受欢迎

[常见的问题和误区] 王林因为绿色果点突出但具有原生味道，曾作为梨形苹果而广受青睐。但最近，比起绿色的苹果，底色为黄绿色或黄色的苹果更受欢迎（图6-11）。

[原因] 绿色的王林，比黄绿色的苹果糖度低、风味差。另外，绿色果实被认为贮藏性强，但长期贮藏后易发生日烧病，也易发生苦痘病。

从风味、贮藏两方面来看，黄绿色的苹果逐渐受到人们的喜爱。

[对策] 要想改变果实底色，有3个条件。
①用发育好的芽坐果，发育不好的弱小芽不能生产优质果。
②通过修剪或立支柱等，使树冠内部的果实能够得到充分光照。
③施与树势相符的肥料，保持中等树势。

这样的树生产出的果实底色很好，但是无袋栽培时，树冠内堂的果实很难同时成熟，所以从底色发黄的果实开始，分2~3次及时采收非常重要。

图6-11 黄绿色的王林更受欢迎

◎ 富士的贮藏性会因采收期不同有很大差异

[常见的问题和误区] 富士是贮藏性强的品种，寒冷地区产的富士贮藏到第 2 年的 7~8 月仍能销售。很多人认为，即使采收期相差 4~5 天，贮藏性也不会有太大差异，但其实差别很大。

[原因]

①到了采收期，果实增色、淀粉减少、糖度增加、酸度逐渐减少（表 6-1）。

表 6-1 富士（不套袋）果实内容物在不同时期的变化

调查日期	硬度值		糖度（%）		酸度（毫克）		碘反应值（淀粉含量）		口感		水心病发生率（%）		水心病发生程度	
	平均	上一年	平均	上一年	平均	上一年	平均	上一年	平均	上一年	平均	上一年	平均	上一年
10月1日	17.1	17.6	11.3	11.3	479	486	3.9	3.8	1.2	1.1	5	0	0	0
10月7日	16.6	17.6	11.9	11.8	479	460	3.7	4.1	1.5	1.5	23	47	0.2	0.3
10月13日	16.1	16.9	12.4	12.4	477	444	3.3	3.6	1.8	1.9	51	60	0.4	0.4
10月16日	16.0	17.3	12.7	12.5	469	443	3.0	3.4	2.1	1.9	72	87	0.7	0.6
10月19日	15.8	16.8	12.8	12.9	458	463	2.8	3.3	2.3	1.7	81	93	1.0	1.0
10月22日	15.6	17.6	13.1	13.2	452	429	2.6	3.0	2.7	2.4	89	100	1.4	1.4
10月25日	15.5	16.5	13.3	13.0	449	456	2.3	3.0	3.0	2.8	91	100	1.7	2.0
10月28日	15.2	16.4	13.4	13.1	445	446	2.1	2.4	3.3	2.3	97	100	2.0	2.5
10月31日	15.1	16.4	13.6	13.5	432	419	1.9	2.2	3.7	3.2	95	100	2.2	2.5
11月3日	15.0	16.5	13.8	13.6	431	404	1.7	1.8	3.9	3.5	99	100	2.5	2.6
11月6日	15.1	16.1	13.9	13.8	428	416	1.7	2.3	4.1	3.8	100	100	2.6	2.9
11月9日	14.9	15.7	14.0	13.7	428	416	1.5	1.9	4.4	4.0	100	100	2.8	2.8
11月12日	14.8	16.0	14.1	13.9	421	403	1.3	1.5	4.5	4.2	99	100	3.0	2.8

注：平均栏数据对应的是 1979—1988 年的平均值。但口感栏数据对应的是 1981—1988 年的平均值。

②连接果实细胞的果胶，在未成熟时几乎是不溶于水的，随着果实成熟，水溶性果胶增多，果实变软。

③临近采收的果实，虽然表面上看不出来，但内部发生了很大变化，正在趋于衰老，采收期的些许变化会导致贮藏性的巨大差异。

[对策]

①温暖地区富士的销售时间为 4~6 个月，日本北部的则长达 7~8 个月。想尽量晚销售的，应在达到基准糖度（13 度左右）后尽早采收，放入冷库贮藏。

②在年内或约 1 个月内完成销售的即售苹果，在没有冻害危险的情况下，若尽量推迟成熟以提高糖度，就易形成蜜果（水心病）。一般情况下，果实的细胞之间是有空气存在的，但是一种叫山梨醇的糖溶于水后进入果实细胞的间隙，就会出现空气不足的情况，形成蜜果。如果这种状态持续时间过长，细胞就会因空气不足而在窒息状态下变质，也就是果肉褐变。

③在寒冷的地区，采收时间相差 5 天，贮藏时间就会相差 1 个月以上，所以要根据销售计划进行采收。反过来说，采前必须明确采后多长时间可以销售完。

◎ 北海道 9 号对栽培环境要求严格

[常见的问题和误区] 北斗、新世界、北海道 9 号等新品种的上市，备受人们关注。

北海道 9 号是在北海道中央农业试验场中，用富士和津轻杂交培育出来的品种。北斗有霉心，是很难用作亲本的品种。而北海道 9 号不用担心霉心，是极其容易用作亲本的品种。与北斗相比，优势多，但其品种特性未必全是优势。

[原因] 北海道 9 号少有霉心，也没有采前落果现象，果实膨大良好，形状也好。味道上有几分酸味，但还不错。但被认为缺陷少的这个品种，会发生水心病，也有裂果。它最大的问题是着色困难。

以前，因为它的味道好，栽培面积短时增加了不少，但它与有水心病和着色困难这两个明显缺陷的品种惠有共同点。在日本秋田县、岩手县部分地区和青森县，北海道 9 号即使在肥沃的平坦地区也很难有鲜艳的色泽，进入着色期（10 月），因为高温，着色更困难。

[对策]

①从果实的着色方面来看，从日本东北地区北部到北海道的寒冷地区、东北地区南部到关东地区海拔为 300~400 米的地区；长野县一带海拔为 600~700 米甚至更高的地区，应该都能生产出好的果实。

②排水不良的地块和土壤肥沃的果园着色也有困难。即使是幼树或直立枝等树势强旺的树，果实也很难着色，所以必须确保土壤排水良好，减少施肥，进行较轻的疏除修剪或增加小枝量，使树势稳定（图 6-12）。

在无论如何着色都很难的地区，虽然要花些功夫，吃起来的风味也会下降一些，但套袋能改善着色情况。

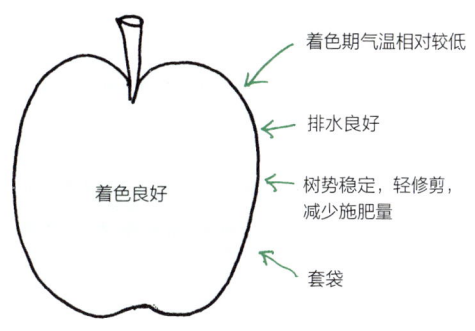

图 6-12　怎样让北海道 9 号的着色更好

2 树体更新

◎ **重茬地的苗木生长发育差**

[常见的问题和误区] 最近,日本的苹果园,由于腐烂病、高接病、纹羽病等各种各样的树体病害,树被砍伐,所以出现了很多空地。

当然,可以补栽或对缺树多的果园实施重栽,但重茬地栽植的苗木生长发育差,由于树冠扩展慢,大多不能像想象的那样充实果园(图6-13)。

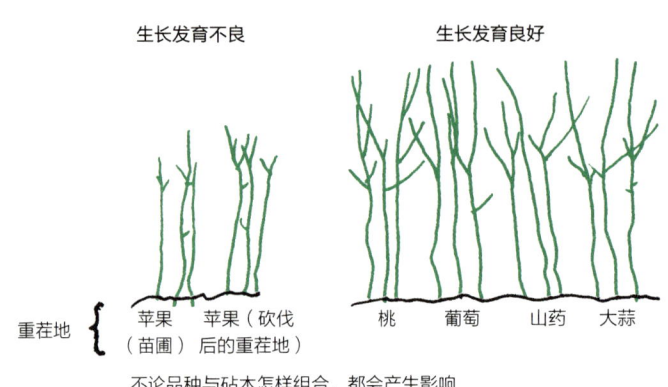

图6-13 前茬与苹果苗木(津轻/M26)的生长发育情况

[原因] 不管是哪一种果树,在重茬地栽植相同的树种,生长发育都会变差,这种现象一般被称为忌地。其原因是土中残留的老根排出了毒素,妨碍新栽植苗木的生长发育,但也有说法认为是老根周围微生物的影响。

不管怎样,挖后立刻种植相同的树种,新苗木的生长环境肯定很差。

[对策]

①在重茬地栽植前,尽可能把最细的根都拣出来扔掉。

②5~9月,按照每60厘米^{2}设置1处的比例,在深30厘米的地方注入15~20毫升氯化苦后将孔堵住。如果可以,最好盖上塑料布。如果旁边种着树,旁边的树根会因为用氯化苦处理而枯死,所以要挖宽20~30厘米、深30厘米的沟,防止气体在土壤

中扩散。

③如果不用氯化苦消毒土壤，最好在种植 1~2 年蔬菜或绿肥作物后再栽植苹果苗木。在栽培其他作物的 1~2 年中，可以在水田或菜地等培育苹果苗木。在秋季除掉的同时，菜渣和绿肥作物可以作为堆肥，在栽植穴中投放 15~20 千克。

④也可以补栽 1~2 年生的苗木，最好是 3~4 年生的大苗。

◎ 栽植穴一般是圆柱形的

[常见的问题和误区] 种植苗木时，一般会用铲子或挖穴机等挖圆柱形的穴。但是，在坚硬的土壤和黏土质的果园，平坦土地上的降雨很难流到园外等地方，如果采用章鱼罐式的圆柱形穴，苗木的生长发育状况往往会出乎预料的差。

[原因]

①在已经成形的果园中，即便是轻质土壤，由于弥雾机等沉重的作业机械每年都在园内跑来跑去，很多果园土壤坚硬、排水不畅。

②在没有用深松犁对全园进行深松的情况下，挖圆柱形的穴，只有穴内土壤松软，周围土壤依然坚硬。降雨多时，雨水不向地下渗透，而是滞留在栽植穴中，根系泡在水中，呼吸困难，抑制根系的生长发育。

[对策]

①因为致密的土壤容易造成排水不良，所以最好事先做好排水工程。

②在无法修筑暗渠等排水工程的情况下，与其采用圆柱形的栽植穴，还不如在栽植穴下方挖 1 个可以让水自由移动的沟状栽植穴（图 6-14）。

③在坡地的苹果园中，下雨后很容易将水排到园外，所以很多人认为用圆柱形的栽植穴也可以。但在土

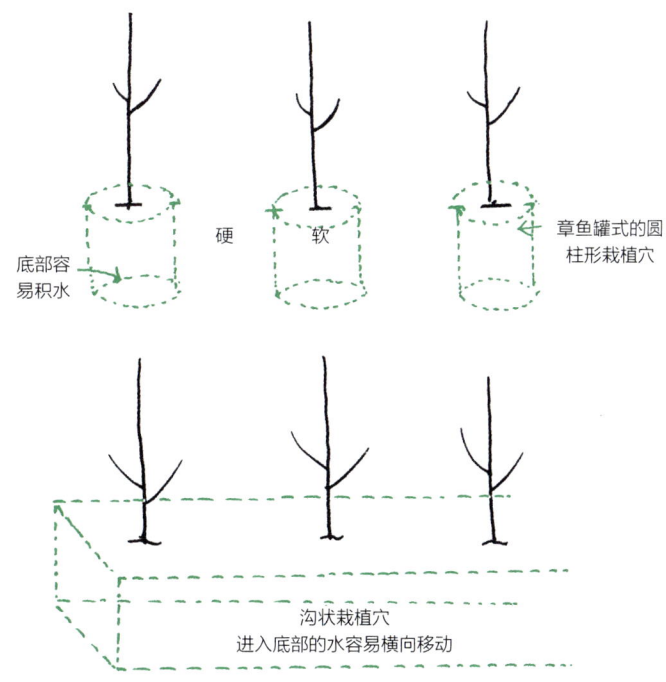

图 6-14　圆柱形和沟状栽植穴

壤致密的果园，多数情况下降雨还是会进入栽植穴，阻碍根系的正常生长。

④如果没有大型的挖穴机械，也不方便挖沟状栽植穴，就挖圆柱形的穴，在穴内垫土20~30厘米，再栽植苗木。考虑到将来根系的扩展，最好把整个果园深翻30~40厘米。

◎ 优质苗木并不是指高大的苗木

[常见的问题和误区] 用于改植、补栽等的苗木，是为了使其快速生长并充实果园而栽植的优质苗木。但是，经常能看到，栽植的高大的苗木枯萎了，或生长发育差。

[原因]

①如果直接种植出圃后的苗木，根系的存活率不理想，苗木有可能会枯死。在温暖地区培育的苗木个体越大，枯死率越高。

②为了方便运输，有时会将本来地上部与地下部比例平衡的苗木的根部截断。像这样的苗木，地下部根的比例小，所以生长发育差。

[对策]

①为了让种植的树苗更好的生长，好的土壤环境条件是很重要的，当然，地上部与地下部比例平衡的苗木也很重要。

②根量多，其中细根多的、地上部在1.5米以上的苗木，就能达到优质苗木的标准（图6-15）。

③苗木高、根量少的苗木与苗木矮、根量多的苗木相比，选择后者是明智的。

④苗木的发育从根的生长开始，根量多的苗木，生长发育开始得早，从树干上发出的侧枝数量多，将来成形快（图6-16）。

图6-15 根量多的优质苗

◎ 注意脱毒树的生长变化

[常见的问题和误区] 众所周知，如果用带毒的接穗嫁接，就会发生高接病，树枯死的情况也会增多。

为了防止这种情况出现，可以对接穗进行热处理或用最新的脱毒技术茎尖培养等，生产脱毒的接穗培育苗木或高接；但比起带毒的苗木，多数情况下这种树的生长变得旺盛。

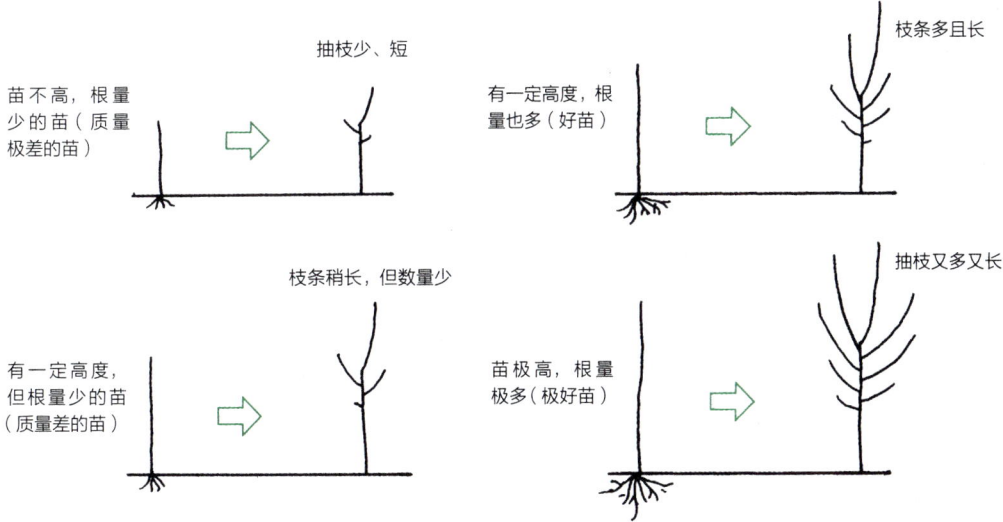

图 6-16　苗木质量与栽植后的生长状况

[原因] 病毒消失后树势变强，这种情况在大多数的树种中都能看到，也有报告显示，葡萄等果实的糖度提升了。不过，在苹果上，目前发现其对果实的影响不明显。

目前还没有找到一旦病毒消失树势就变强的理由，但 10%~20% 的树体明显变大了（图 6-17）。

[对策]

①可以利用一些对蔬菜等生长发育几乎没有影响的病毒，即将弱毒有意识地接种到植物体内，防止之后可能有毒性强的病毒入侵，但是果树上似乎还没有出现这样的案例。因此，一方面还要继续更新培育新的抗病毒品种，这是毫无疑问的。另一方面，为了保证树体健康生长，最好是在没有病毒的树上采集接穗。

但是，与稀植的用山定子作为砧木的脱毒树相比，密植的采用矮化砧木的树更易出现问题。因为脱毒树的树体要大 10%~20%，如果按照带病毒树的标准栽植方法，就会加剧相邻树的枝条交叉，果实品质就会下降。所以带病毒苗木的株行距是 2 米 ×4 米时，脱毒苗木株行距就应该是（2.25~2.5）米 ×4

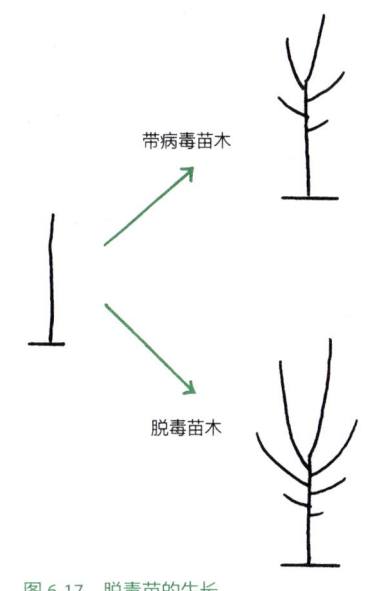

图 6-17　脱毒苗的生长

米，最好加大株距（图 6-18）。

②栽植后初期，树的生长也会变得强旺，也有可能会推迟结果，所以需要注意减少施肥等以调节树势。

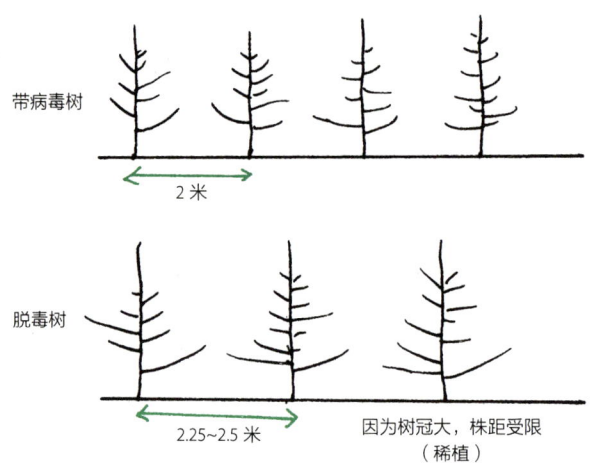

图 6-18　脱毒树的栽植

3 高接更新

◎ 适当利用高接后抽生的徒长枝

[常见的问题和误区] 想将老品种换成新品种时，比起苗木更新，高接更新结果更快，产量也更高。但是，想要在不降低产量的情况下更换其他品种时，一般会考虑嫁接到还没有结果的徒长枝上。但是通过在徒长枝上高接，扰乱树形的情况出乎意料的多。

[原因] 徒长枝势力强，嫁接在它上边的品种生长发育也快。但嫁接后枝条直立向上，结果晚，树体变得高大（图 6-19）。并且，直立向上的枝条，相互交叉更快，交叉的程度也更严重，阳光无法照射到下部枝条，导致结果部位光秃。

总之，利用徒长枝嫁接，结果部位移到树冠外围，树变得难以管理。

[对策]

①一般来说，比起强旺的徒长枝，嫁接在生长发育稍差、缓势的徒长枝上更好。

②为了分散嫁接的枝条的长势，应尽可能增加接穗的数量。

图 6-19 在徒长枝上嫁接的树

③嫁接后，长出的枝条要用支柱引缚，使其尽可能平稳生长。

④如果嫁接后长势强旺，先要确定留下的枝条，进行疏除修剪，让留下的枝条接受光照，尽快长出花芽。

⑤嫁接到强旺的徒长枝上后，如果枝条已经直立，就用 2~3 年换成从下方长出的弱的、缓势的枝条，防止树体长高。步骤是只留下将来可利用的缓势枝条和其上的 1 根直立枝（牵制枝）。为了不让这根直立枝增粗，要去掉分枝，一直保持只留 1 根，缓势的枝条着生花芽后，把这根直立枝去掉，树就不会变高了（图 6-20）。

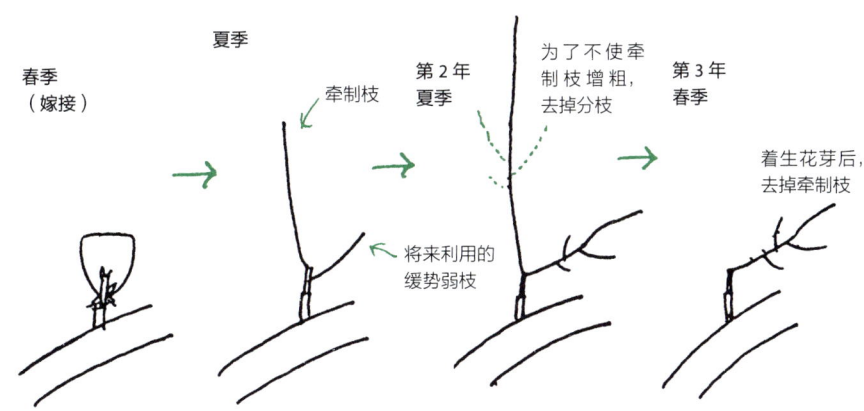

图 6-20 徒长枝的利用方法

◎ 高接方法不同，结果年龄会有差异

[常见的问题和误区] 高接更新是一种可以在短时间内换成其他品种的极其有效的方法。但是，接穗上长出的枝条需要经过3~4年才能结果，这期间不能生产果实是个问题。特别是根据嫁接方法的不同，结果年龄会有很大的差异。但没有采用早结果嫁接方法的案例也有很多。

[原因] 因为中间砧枝条长势和接穗长势的相互关系，嫁接后枝条的生长发育情况悬殊，对结果早晚影响很大。特别是新的嫁接品种如果是像北斗这样强旺的品种，若不采用抑制生长的嫁接方式，树也会变得强旺，多数要在提高优质果品产量上下功夫。

[对策]

①高接更新的时候，有徒长枝嫁接和成龄枝嫁接（图6-21）。

②像徒长枝也有长势的差异一样，成龄枝上也有直立枝、水平枝、下垂枝等各种各样长势的枝条。为了抑制接穗的生长，与其在徒长枝上嫁接，不如在成龄枝上嫁接；在结果枝中，与其在直立枝上嫁接，不如在水平枝上嫁接。

③在整树更新的情况下，比起嫁接20~30根或更少数量，采用嫁接更大量（70~80根）的方法，树势也能很快衰弱。

④接穗也一样，比起接上只有2~3个芽的短接穗，接上有7~8个芽的长20~30厘

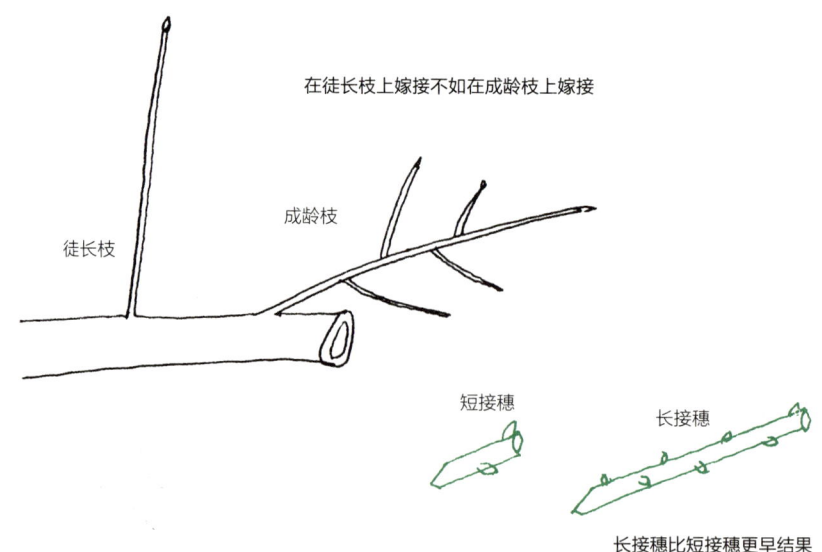

图6-21 提早结果的嫁接方法

米的长接穗，结果更快（图 6-22）。

⑤仅靠嫁接方法很难控制树势，因此要对嫁接后的枝条用绳子或木棍等进行引缚或进行枝梢管理，使嫁接后抽生的新梢变为缓势枝条等。对于因未经管理造成树势过强的枝条，也可以在嫁接处的基部进行造伤。

⑥一次性整体更新的树，在结果前的 2~3 年都不施肥，应该注意培肥管理。

图 6-22 矮化树的长接穗嫁接

◎ 受中间砧影响的接穗品种的生长发育与品质

[常见的问题和误区] 在农作物栽培中，品种好坏的影响要超过栽培技术优劣的影响，甚至会制约经营的成败。因此，种植户要紧盯品种更新，确保接穗品种优良。

果树上更新品种最快的方法是高接法，经常听到有人说富士高接后表现良好；红玉树高接后结果快，着色变好，但膨大差，这一点比较麻烦。用高接改变品种时，如果不认真了解高接中中间砧树势的强弱、接穗品种树势的强弱等就实施，会带来意想不到的树势变化。

[原因] 现在，栽培的品种和更新品种的树势不一样，都有强弱之分。树势最弱的是水晶系，其次是红玉类，再次是王林、津轻类，然后是富士、元帅系、千秋类，树势最强的是陆奥。

另外，有些品种树龄不同，树势强弱也有明显区别，如王林、津轻、富士等随着树龄增长，树势衰弱会加快。

因此，如果在树势弱的红玉上高接富士，嫁接后树龄年轻时没有问题，但随着树龄的增加，无论如何都很难维持树势。

[对策] 土壤的肥沃程度与接穗、中间砧的强弱一起，成为影响树势的主要因素。

在河岸冲积土那样的肥沃土壤上，生长情况多是果实大、着色差，所以树势弱的品种之间嫁接也可以；在中等肥力的土壤上，接穗品种或中间砧品种有一个是强势的，另一个是中等树势的品种或弱势品种也可以；在瘠薄地上，考虑到将来，采用强势组合嫁接有时也很好。

但是，无论怎样也不能进行强势组合嫁接的情况也有。这时要通过修剪及时更新枝条，比如多使用嫩枝或者多进行修剪，另外，应该进行彻底管理，通过挖圆柱形的穴等施入堆肥使土壤肥沃，或加强疏果等，强化树体。